胶州湾主要污染物及其生态过程丛书

胶州湾污染性石油的分布、迁移过程及变化趋势

杨东方　著

科学出版社

北　京

内 容 简 介

本书创新地从时空变化来研究石油在胶州湾水域的分布、迁移过程及变化趋势。在空间尺度上，通过每年石油的数据分析，从含量大小、水平分布、垂直分布和季节分布的角度，研究石油在胶州湾水域的来源、水质、分布以及迁移状况，揭示了石油的时空迁移规律。在时间和空间尺度上，通过 5 年石油的数据探讨，研究石油在胶州湾水域的变化过程，展示了石油的迁移过程和变化趋势：①含量的年份变化；②污染源变化过程；③陆地迁移过程；④沉降过程；⑤水域迁移过程。这些规律和变化过程为研究石油（PHC）在水体中的迁移提供了坚实的理论基础，也为其他有机化合物在水体中的迁移研究给予启迪。全书共分为 16 章。主要内容为石油在胶州湾水域的来源、水质、分布和迁移状况，以及石油的迁移规律、迁移过程和变化趋势等。

本书适合海洋地质学、环境学、化学、物理海洋学、生物学、生物地球化学、生态学、海湾生态学和河口生态学的有关科学工作者和相关学科的专家参阅，适合高等院校师生作为教学和科研参考。

图书在版编目（CIP）数据

胶州湾污染性石油的分布、迁移过程及变化趋势/杨东方著. —北京：科学出版社, 2016.10
（胶洲湾主要污染物及其生态过程丛书）
ISBN 978-7-03-050059-5

Ⅰ. ①胶… Ⅱ.①杨… Ⅲ. ①黄海–海湾–石油污染 Ⅳ.①X74

中国版本图书馆 CIP 数据核字(2016)第 233908 号

责任编辑：马 俊 / 责任校对：李 影
责任印制：徐晓晨 / 封面设计：刘新新

科 学 出 版 社 出版
北京东黄城根北街 16 号
邮政编码：100717
http://www.sciencep.com

北京科印技术咨询服务公司 印刷
科学出版社发行 各地新华书店经销
*

2016 年 10 月第 一 版 开本：B5（720×1000）
2017 年 3 月第二次印刷 印张：9 3/4
字数：196 000

定价：78.00 元

（如有印装质量问题，我社负责调换）

人类不要既危害了地球上的其他生命，反过来又危害到自身的生命。人类要适应赖以生存的地球，要顺应大自然规律，才能够健康可持续地生活。

杨东方
摘自《胶州湾水域六六六的分布及迁移过程》
海洋出版社，2011

作 者 简 介

杨东方　1984 年毕业于延安大学数学系（学士）。1989 年毕业于大连理工大学应用数学研究所（硕士），研究方向：Lenard 方程唯 n 极限环的充分条件、微分方程在经济管理、生物学方面的应用。

1999 年毕业于中国科学院青岛海洋研究所（博士），研究方向：营养盐硅、光和水温对浮游植物生长的影响，专业为海洋生物学和生态学。同年在青岛海洋大学化学化工学院和环境科学与工程研究院做博士后研究工作，研究方向：胶州湾浮游植物生长过程的定量化初步研究。2001 年出站后到上海水产大学工作，主要从事海洋生态学、生物学和数学等学科教学，以及海洋生态学和生物地球化学领域的研究。2001 年被国家海洋局北海分局监测中心聘为教授级高级工程师。2002 年被青岛海洋局一所聘为研究员。

2004 年 6 月被核心期刊《海洋科学》聘为编委。2005 年 7 月被核心期刊《海岸工程》聘为编委。2006 年 2 月被核心期刊《山地学报》聘为编委。2006 年 11 月被温州医学院聘为教授。2007 年 11 月被中国科学院生态环境研究中心聘为研究员。2008 年 4 月被浙江海洋学院聘为教授。2009 年 8 月被中国地理学会聘为环境变化专业委员会委员。2011 年 12 月被核心期刊《林业世界》聘为编委。2011 年 12 月被浙江海洋学院聘为生物地球化学研究所的所长。2012 年 11 月被国家海洋局闽东海洋环境监测中心站聘为项目办主任。2013 年 3 月被陕西理工学院聘为汉江学者。2013 年 11 月被贵州民族大学聘为教授。曾参加了国际 GLOBEC（全球海洋生态系统研究）研究计划中的由 18 个国家和地区联合进行的南海考察（在海上历时 3 个月），以及国际 LOICZ（沿岸带陆海相互作用研究）研究计划中在黄海、东海的考察及国际 JGOFS（全球海洋通量联合研究）研究计划中在黄海、东海的考察。并且多次参加了青岛胶州湾、烟台近海的海上调查及数据获取工作。曾参加了胶州湾等水域的生态系统动态过程和持续发展等课题的研究。

发表第一作者的论文 266 篇，第一作者的专著 67 部，授权第一作者的专利 17 项，其他名次论文 48 篇。根据中国知网数据，2016 年 5 月 30 日第一作者的论文 58 篇，一共被引用次数：897 次。目前，其正在进行西南喀斯特地区、胶州湾、浮山湾和长江口及浙江近岸水域的生态、环境、经济、生物地球化学过程的研究。

作者发表的本书主要相关文章

[1] Yang Dongfang, Zhang Youchi, Zou Jie, et al. Contents and distribution of petroleum hydrocarbons (PHC) in Jiaozhou Bay waters. Open Journal of Marine Science, 2011, 2(3): 108-112.

[2] 杨东方, 孙培艳, 陈晨, 等. 胶州湾水域石油烃的分布及污染源. 海岸工程, 2013, 32(1): 60-72.

[3] Yang Dongfang, Sun Peiyan, Ju Lian, et al. Distribution and changing of petroleum hydrocarbon in Jiaozhou Bay waters. Applied Mechanics and Materials, 2014, 644-650: 5312-5315.

[4] Yang Dongfang, Wu Youfu, He Huozhong, et al. Vertical distribution of Petroleum Hydrocarbon in Jiaozhou Bay. Proceedings of the 2015 international symposium on computers and informatics, 2015, 2647-2654.

[5] Yang Dongfang, Wang Fengyou, Zhu Sixi, et al. Distribution and homogeneity of petroleum hydrocarbon in Jiaozhou Bay. Proceedings of the 2015 international symposium on computers and informatics, 2015, 2661-2666.

[6] Yang Dongfang, Sun Peiyan, Ju Lian, et al. Input features of Petroleum Hydrocarbon in Jiaozhou Bay. Proceedings of the 2015 international symposium on computers and informatics, 2015, 2675-2680.

[7] Yang Dongfang, Zhu Sixi, Wang Fengyou, et al. Distribution and Low-Value Feature of Petroleum Hydrocarbon in Jiaozhou Bay. 4th International Conference on Energy and Environmental Protection, 2015, 3784-3788.

[8] Yang Dongfang, Wang Fengyou, Zhu Sixi, et al. River was the only source of PHC in Jiaozhou Bay in 1984. 2016. 2nd International Conference on Machinery, Materials Engineering, Chemical Engineering and Biotechnology, 431-434.

[9] Chen Yu, Yang Danfeng, Qu Xiancheng, et al. Migration rules of PHC in bottom waters in Jiaozhou Bay. 2016. 4th International Conference on Machinery, Materials and Computing Technology, 1356-1360.

[10] Yang Dongfang, Zhu Sixi, Wang Fengyou, et al. Change laws of PHC contents in bottom waters in the bay mouth of Jiaozhou Bay. 2016. 4th International Conference on Machinery, Materials and Computing Technology, 1351- 1355.

[11] Yang Dongfang, Wang Fengyou, Zhu Sixi, et al. Effects of PHC on Water Quality of Jiaozhou Bay I. Annual Variation of PHC Content. Meteorological and Environmental Research, 2015, 6(11-12): 31-34.

前　言

　　中国正处在工业化、农业化高速发展，同时，农村也在城市化的大力发展中。经济的迅猛飞跃向前和生活水平日新月异的变化都加大了能源的大量耗费，如石油。石油是工业的血液，在国民经济的发展中具有不可替代的作用。石油消费的大量增长与中国经济的发展形成了强烈的依存度。自从1979年以来，中国工业迅速发展，石油也大量消费。工业、农业和日常生活都离不开石油。石油经过加工提炼，可以得到的产品大致可分为四大类：燃料、润滑油、沥青、溶剂。利用现代的石油加工技术，从石油宝库中人们已能获取5000种以上的产品，石油产品已遍及到工业、农业、国防、交通运输和人们日常生活的各个领域中。因此，在日常生活中处处都离不开石油产品。

　　在生产和冶炼石油的过程中，向大气、陆地和大海排放大量的石油污染物。由此认为，在空气、土壤、地表、河流等任何地方都有石油的残留量，以各种不同的化学产品和污染物质形式存在。而且经过地表水和地下水都将石油的残留汇集到河流中，最后迁移到海洋的水体中。

　　石油（PHC）是一种黏稠的、深褐色液体，主要是各种烷烃、环烷烃、芳香烃的混合物。PHC在水里的迁移过程中，可溶于多种有机溶剂，不溶于水，但可与水形成乳状液。其毒性大，难分解，分布广，危害重，在大量使用的同时也给环境造成难以修复的危害。而且，其化学性质稳定，在环境中残留持久，不易降解，在生物体内累积，通过食物链传递对人类和生态系统都有潜在的危害。因此，本书揭示了PHC在水体中的迁移规律、迁移过程和变化趋势等，为PHC等有机化合物的研究提供了坚实的理论基础，也为消除PHC等有机化合物在环境中的残留以及治理PHC等有机化合物的环境污染提供理论依据。

　　本书在贵州民族大学博士点建设文库、"贵州喀斯特湿地资源及特征研究"（TZJF-2011年-44号）项目、"喀斯特湿地生态监测研究重点实验室"（黔教合KY字[2012] 003号）项目、教育部新世纪优秀人才支持计划（NCET-12-0659）项目、"西南喀斯特地区人工湿地植物形态与生理的响应机制研究"（黔省专合字[2012]71号）项目、"复合垂直流人工湿地处理医药工业废水的关键技术研究"（筑科合同[2012205]号）项目、水库水面漂浮物智能监控系统开发（黔教科 [2011]039号）项目、水面污染智能监控系统的研发（TZJF-2011年-46号）项目、贵州民族大学引进人才科研项目（[2014]02）、土地利用和气候变化对乌江径流的影响研究

（黔教合 KY 字[2014] 266 号）、威宁草海浮游植物功能群与环境因子关系（黔科合 LH 字[2014] 7376 号）以及国家海洋局北海环境监测中心主任科研基金——长江口、胶州湾、浮山湾及其附近海域的生态变化过程（05EMC16）的共同资助下完成。

在书中，有许多方法、规律、过程、机制和原理，它们要反复应用，解决不同的实际问题和阐述不同的现象和过程。同时，有些段落作为不同的条件，来推出不同的结果；有些段落来自于结果，又作为条件来推出新的结果。这样，就会出现有些段落的重复。如果只能第一次用，以后不再用，这样在以后的解决和说明中就不完善，无法有充分的依据来证明结论，而且方法、规律、过程、机制和原理就变得无关紧要了。在书中，每一章都独立地解决一个重要的问题，也许其中有些段落与其他章节中有重复。如果将重复的删除，内容显得苍白无力、层次错乱。因此，从作者角度尽可能地一定要保证每章内容的逻辑性、条理性、独立性、完整性和系统性。

作者通过胶州湾水域的研究（2001~2015 年）得到以下主要结果。

（1）根据 PHC 的含量大小、水平分布、垂直分布和季节分布，研究发现，在胶州湾东北部水域 PHC 的含量在春季超过了三类海水水质标准，在夏季超过了四类海水水质标准。在东北部近岸水域，PHC 的含量变化有梯度形成：从大到小呈下降趋势，这说明胶州湾水域中的 PHC 主要来源于工业废水和生活污水的排放。

（2）通过表层 PHC 的水平分布和含量变化，展示了河流对 PHC 的大量输送和表层 PHC 含量的迅速下降。于是，在胶州湾水体中，PHC 表层、底层含量没有明显的季节变化，PHC 含量完全依赖于河流对 PHC 的大量输送。于是将河流输送的强度分为四个阶段，展示了河流输送 PHC 含量的强度变化过程。

（3）根据 PHC 在胶州湾的湾口底层水域的含量现状和水平分布，作者提出湾口表层、底层水域的物质浓度变化法则：经过了垂直水体的效应作用，无论从湾内到湾外还是从湾外到湾内，物质浓度在不断地降低。

（4）通过 PHC 在胶州湾水域的含量变化以及表层、底层水平分布，研究发现，胶州湾东部和东北部的海泊河、李村河和娄山河，还有北部的大沽河，都是胶州湾 PHC 污染的主要来源。因此，河流是 PHC 含量输送的主要载体。

（5）根据 PHC 在胶州湾水域的垂直分布和季节变化，展示了表层、底层的水平分布趋势是否一致由 PHC 的表层含量和海底的累积所决定。通过 PHC 的水域迁移过程，表明了河流对 PHC 的大量输送和表层 PHC 含量的迅速下降。

（6）通过 PHC 在胶州湾湾口底层水域的含量现状和水平分布，作者提出湾口底层水域的物质含量迁移规则：经过了垂直水体的效应作用，物质含量既可来自湾内，也可来自湾外。而且，无论从湾内到湾外还是从湾外到湾内，PHC 含量都要经过湾口扩散。

（7）通过 PHC 在胶州湾水域的含量现状、分布特征和季节变化，在胶州湾西南沿岸水域，PHC 含量在水体中分布是均匀的，这展示了物质在海洋中的均匀分布特征。

（8）研究发现，PHC 含量在湾口有一个低值区域，这揭示了在胶州湾的湾口水域，水流给物质带来了低值性。

（9）研究发现，从湾口内侧到湾口外侧，无论沿梯度递减或者递增，PHC 含量都形成了一系列不同梯度的平行线。而且有时从湾口内侧到湾口外侧，沿梯度PHC 含量由湾内向湾外递减，有时从湾口外侧到湾口内侧，沿梯度 PHC 含量由湾外向湾内递减。这都展示了 PHC 的沉降过程：PHC 在大量沉降。

（10）研究发现，1979～1983 年，在早期的春季、夏季胶州湾受到 PHC 含量的重度污染，而到了晚期，春季、夏季胶州湾受到 PHC 含量的轻度污染；在秋季，一直保持着胶州湾受到 PHC 含量的轻度污染。这说明了人类向环境排放 PHC 含量在春季、夏季非常大，而在秋季排放 PHC 含量比较少。

（11）研究发现，河流是输送 PHC 高含量的运载工具，同时，河流也先受到PHC 含量的污染。提出了 PHC 的污染源的变化过程的两个阶段：1979～1981 年，PHC 的污染源为重度污染源；1982～1983 年，PHC 的污染源为轻度污染源，并且用两个模型框图，表明了 PHC 污染源的变化过程。研究发现，在这个变化过程中，PHC 污染源的含量、水平分布和污染源程度都发生了变化。然而，唯一不变的是 PHC 的输入方式：河流。

（12）根据 1979～1983 年胶州湾水域 PHC 的季节变化和月降水量变化，研究发现，在时空分布上，整个胶州湾水域，PHC 含量的季节变化以河流的流量为基础并且以人类活动为叠加来决定。作者提出了河流的流量和人类活动来共同决定河流的 PHC 含量。这样，才能够在不同季节出现 PHC 含量的高峰值和低谷值。通过胶州湾沿岸水域的 PHC 含量变化，作者提出了 PHC 的陆地迁移过程：PHC含量变化由胶州湾附近盆地的雨量大小所决定。

（13）研究发现，在胶州湾水体中 PHC 含量的季节变化，由陆地迁移过程所决定。研究认为，PHC 的陆地迁移过程范围分为三个阶段：人类对 PHC 的使用、PHC 沉积于土壤和地表中、河流和地表径流把 PHC 输入到海洋的近岸水域。并且用模型框图展示了：PHC 从使用到土地是由人类来决定，然而，从土地到海洋是由雨量来决定。

（14）根据胶州湾水域 PHC 的垂直分布，作者提出了 PHC 的水域迁移过程，PHC 的水域迁移过程出现三个阶段：从污染源把 PHC 输出到胶州湾水域、把 PHC输入到胶州湾水域的表层、PHC 从表层沉降到底层。

（15）研究发现，1980～1981年，PHC的表层、底层水平分布趋势和PHC的表层、底层变化量以及PHC的表层、底层垂直变化都充分展示了：PHC含量可以迅速沉降，而且沉降量的多少与含量的高低相一致。PHC经过不断地沉降，在海底具有累积作用。这些特征揭示了PHC的水域迁移过程。

（16）从含量大小、水平分布、垂直分布和季节分布的角度，在空间尺度上，阐明了PHC在胶州湾海域的来源、水质、分布以及迁移状况等许多迁移规律；在时间尺度上，展示了PHC在胶州湾水域的变化过程和变化趋势。据此，提出了1个变化趋势，即含量的年份变化；4个变化过程：①污染源变化过程，②陆地迁移过程，③水域迁移过程，④沉降过程。这些规律和变化过程为研究PHC在水体中的迁移奠定了基础。

有关这方面的研究还在进行中，本书仅为阶段性成果的总结，欠妥之处在所难免，恳请读者多多指正。希望读者与作者共同努力，使祖国海洋环境学、世界海洋环境学及地球环境学研究有飞跃发展，作者甚感欣慰。

在各位同仁和老师的鼓励和帮助下，此书出版。作者铭感在心，谨致衷心感谢。

杨东方

2015年12月7日

目　　录

第1章　胶州湾水域石油的分布及含量

海洋石油污染已成为海洋污染中最严重、最受普遍关注的事件，它对海洋及近岸环境造成严重的危害。世界石油产量逐年在增加，1970 年的产量估计为 22 亿 t，而到 1990 年石油的产量已达 30 亿 t[1]，大量的含油废水、含油污染物及一些工业污水、居民的生活污水排向海洋，不仅污染了陆地，也污染了近岸海域[2, 3]。因此，了解石油（PHC）对近海的污染程度，对治理海洋环境、恢复生态持续发展提供重要帮助。

本文通过 1979 年胶州湾 PHC 的调查资料，探讨在胶州湾海域，PHC 的来源、分布以及迁移过程，研究胶州湾水域 PHC 的分布特征和季节变化，为 PHC 污染环境的治理和修复提供理论依据。

1.1　背　　景

1.1.1　胶州湾自然环境

胶州湾是一个半封闭的深入内陆的天然海湾，位于黄海中部、山东半岛南部，介于东经 120°04′～120°23′，北纬 35°58′～36°18′。水深较浅（平均水深约 7m），湾口狭小（约 2.5km），胶州湾内的海水全部交换完所需要的时间大约为 15 天[4~6]。湾东部和东北部沿岸是青岛市的工业密集区域。胶州湾有洋河、大沽河等主要河流注入水流。在胶州湾的东部，有海泊河、李村河和娄山河，这三条河带有工业及生活废水汇入海区，给胶州湾带来大量的污染物，对胶州湾的环境影响比较大。

1.1.2　材料与方法

1979 年 5 月和 8 月胶州湾水体石油烃的调查数据由国家海洋局北海监测中心提供。在胶州湾水域，有 8 个站位：H34、H35、H36、H37、H38、H39、H40、H41（图 1-1）。1979 年 5 月和 8 月两次进行取样，根据水深取水样（>15m 时取表层和底层，<15m 时只取表层），调查采样中用抛浮式无油玻璃采水器采集表层海水样品 500ml 用于石油烃分析，样品采集后立即加入 1：3H$_2$SO$_4$溶液；调节样品至弱酸性（pH≈4），然后用 0.01m^3 石油醚萃取 2 次，萃取液密封后在（5±2）℃条件下避光保存。在实验室中应用 751 GD 紫外分光光度计测定水样中油类含量。

这个方法与《海洋监测规范》（GB 17378.3、4、7—1998）规定的方法是一致的。

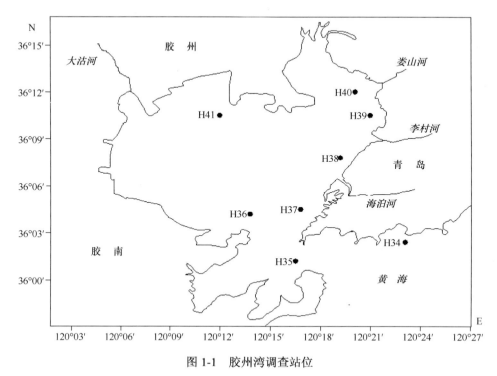

图 1-1 胶州湾调查站位

1.2 石油的分布

1.2.1 含量大小

5 月，在胶州湾水体中，PHC 的含量范围为 0.08～0.32mg/L，整个水域超过了国家一类海水水质标准（0.05mg/L）。除了 H38 站位，整个水域都达到了国家三类海水水质标准（0.30mg/L）。只有在 H38 站位的水域，超过了国家三类海水水质标准（0.30mg/L）；8 月，水体中 PHC 的含量明显增加，达到 0.10～1.10mg/L，整个水域都超过了国家一类海水水质标准（0.05mg/L），除了 H39 站位，整个水域都达到了国家三类海水水质标准（0.30mg/L）。只有在 H39 站位的水域，超过了国家四类海水水质标准（0.50mg/L）（表 1-1）。

表 1-1 胶州湾春季和秋季表层水质

季度	春季	夏季
海水中 PHC 含量/（mg/L）	0.08～0.32	0.10～1.10
国家海水标准	三类、四类海水	三类、四类海水

1.2.2　水　平　分　布

在春季，湾内水体中表层 PHC 的分布：PHC 的含量大小由东北向西南方向递减，从 0.32mg/L 降低到 0.08mg/L，东北部的 H38 站位水体中 PHC 的含量为 0.32mg/L，海泊河和李村河是东部相邻河流，在这两个河流入海口的中间近岸水域，以站位 H38 为中心形成了 PHC 的高含量区，PHC 的浓度大于 0.30mg/L，明显高于西南水域：湾中心、湾口和湾外（图 1-2）。

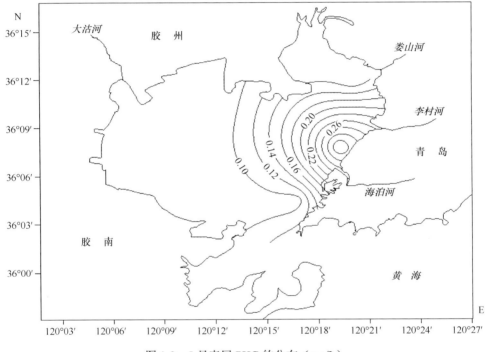

图 1-2　5 月表层 PHC 的分布（mg/L）

在夏季，表层 PHC 含量的等值线（图 1-3），展示以站位 H39 为中心，形成了一系列不同梯度的半个同心圆。湾的东北部有相邻的李村河和娄山河，在这两个河流入海口中间的近岸水域，形成了 PHC 的高含量区，这是以站位 H39 为中心的，PHC 含量从中心高含量 1.10mg/L 沿梯度降低。从湾的东北部沿岸水域向湾中心水域，PHC 的值由大（1.10mg/L）变小（0.10mg/L）。这样，沿着海泊河、李村河和娄山河的河流方向，在胶州湾水体中 PHC 的值在递减（图 1-3）。

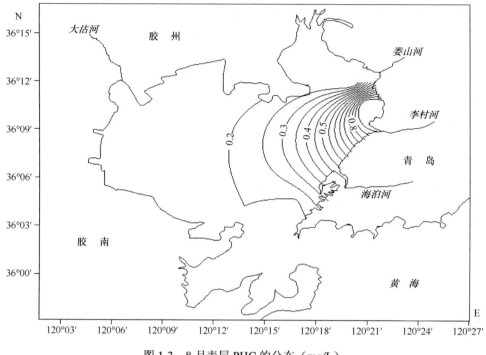

图 1-3 8 月表层 PHC 的分布（mg/L）

1.2.3 季 节 分 布

春季，在整个胶州湾表层水体中，PHC 的表层含量为 0.08～0.32mg/L。夏季，PHC 的表层含量为 0.10～1.10mg/L，达到了很高值。以同样的站位，作 8 月与 5 月的 PHC 含量的差，得到 H34、H40 站为负值–0.02～–0.01mg/L，其他站位都为正值 0.01～0.91mg/L，而站位 H34 在湾外，站位 H40 在湾的最北端。这说明：在胶州湾的表层水体中，夏季的 PHC 表层含量几乎都高于春季的。

1.3 石油的迁移

1.3.1 水 质

在胶州湾水域，春季 PHC 的含量达到了三类、四类海水水质标准。夏季 PHC 的含量也达到了三类、四类海水水质标准。而且在夏季，有些水域 PHC 的含量远远超过了四类海水水质标准，这说明 PHC 严重地污染了这些水域。因此，在一年中，胶州湾水域 PHC 在春季污染较重，在夏季，PHC 的污染更严重。

1.3.2　污　染　源

在时间尺度上，考虑春季、夏季 PHC 的变化，研究结果表明：在胶州湾，夏季表层水体中 PHC 的表层含量几乎都高于春季的。这样，从春季到夏季，PHC 在整个胶州湾水域的含量是增加的。另外，在空间尺度上，海泊河、李村河和娄山河的入海口在胶州湾的东北部水域，为湾的东北部近岸水域提供了河流的输送，沿着河流的输送方向展示了 PHC 的含量形成了梯度的变化：从大到小呈下降趋势。在春季，在海泊河和李村河这两个入海口的中间近岸水域，形成了 PHC 的高含量区；在夏季，在李村河和娄山河这两个入海口中间的近岸区域，形成了 PHC 的高含量区。这表明胶州湾东北部的海泊河、李村河和娄山河是胶州湾 PHC 污染的主要来源。

1.3.3　迁　移　状　况

在胶州湾水域，PHC 的含量从河口到湾外进行迁移。

胶州湾东部和东北部沿岸是青岛市的工业密集区域，工业废水和生活污水排放比较多。而在胶州湾东部和东北部沿岸有三条河：海泊河、李村河和娄山河，这三条河基本上承担着工业废水及生活污水向胶州湾排污的功能，给胶州湾带来大量的有 PHC 的污染物。

春季，海泊河和李村河水系均从湾的东北部入海，这些河流从陆地带来了大量的 PHC，导致了 PHC 污染在胶州湾的东部和东北部地区严重。这样展示了：胶州湾的东北部区域 PHC 含量较高，往西南方向递减。在春季，胶州湾水域 PHC 的含量较低。

夏季，李村河和娄山河水系均从湾的东北部入海，这些河流从陆地带来了大量的 PHC，同时，河流处于汛期，导致了在整个胶州湾水体中，PHC 的含量普遍增加。这样展示了：在夏季，胶州湾的东部和东北部区域 PHC 的含量开始逐渐增加，含量较高，往西南方向递减。在夏季，胶州湾水域 PHC 的含量较高。

1.4　结　　论

春季 5 月，在整个胶州湾水域，PHC 的含量达到了国家三类、四类海水水质标准。在胶州湾东北部的近岸水域，PHC 的含量达到了国家四类海水水质标准，除此之外，胶州湾的其他水域包括湾中心、湾口和湾外都达到了三类海水水质标准。夏季 8 月，在整个胶州湾水域，PHC 的含量达到了国家三类、四类海水水质标准。在胶州湾东北部的近岸水域，PHC 的含量超过了国家四类海水水质标准，除此之外，胶州湾的其他水域包括湾中心、湾口和湾外都达到了三类海水水质标准。这表明：在时间尺度上，从春季到夏季，PHC 含量是增加的。在空间尺度上，从湾的东北部近岸水域到湾的其他水域包括湾中心、湾口和湾外都展示了 PHC 的含量从大到小的下降趋势。

海泊河、李村河和娄山河带来了大量的工业废水和生活污水，海泊河、李村河和娄山河的入海口都在胶州湾的东北部水域，导致了胶州湾东北部海域水体中 PHC 的含量比湾的其他水域 PHC 的含量要高得多。随着夏季的降雨量显著增加，胶州湾东北部海域水体中 PHC 的含量会更高。

因此，胶州湾水域中的 PHC 主要来源于工业废水和生活污水的排放。这表明加强对环境的保护，PHC 的污染就会减少。

参 考 文 献

[1] Wilson S C, Jones K C. Bioremediation of soil contaminated with polynuclear aromatic hydrocarbons (PAHs): A review. Environ Pollut, 1993, 81: 229-249.

[2] 孙耀, 崔毅, 于宏. 胶州湾表层水中石油烃、化学耗氧量和金属铬的分布及污染现状分析. 海洋水产研究, 1992, 13(13): 123-129.

[3] 潘建明, 启传显, 刘小涯, 等. 珠江河口沉积物中石油烃分布及其与河口环境的关系. 海洋环境科学, 2002, 21(2): 23-27.

[4] Yang D F, Zhang J, Lu J B, et al. Examination of Silicate Limitation of Primary Production in the Jiaozhou Bay, North China Ⅰ. Silicate Being a Limiting Factor of Phytoplankton Primary Production. Chin J Oceanol Limnol, 2002, 20(3): 208-225.

[5] Yang D F, Zhang J, Gao Z H, et al. Examination of Silicate Limitation of Primary Production in the Jiaozhou Bay, North China Ⅱ. Critical Value and Time of Silicate Limitation and Satisfaction of the Phytoplankton Growth. Chin J Oceanol Limnol, 2003, 21(1): 46-63.

[6] Yang D F, Gao Z H, Chen Y, et al. Examination of Silicate Limitation of Primary Production in the Jiaozhou Bay, North China Ⅲ. Judgment Method, Rules and Uniqueness of Nutrient Limitation among N, P, and Si. Chin J Oceanol Limnol, 2003, 21(2): 114-133.

第2章 胶州湾水域石油的分布及污染源

在全球经济迅速发展的情况下，世界范围内的石油供求在不断增长，石油成为现代社会的主要能源。我国海洋石油勘探是从20世纪60年代开始的，1975年渤海第一座海上试验采油平台投产，揭开了我国海洋石油开发的序幕[1]。随着海洋石油勘探的开发不断加强、规模不断扩大，海上石油勘探、开发和炼制业的发展，交通运输与油船事故的发生，使大量的石油进入海洋[1,2]，对海洋环境造成了严重的污染。因此，了解近海的石油（petroleum hydrocarbon，PHC）污染程度和污染源，对保护海洋环境、维持生态可持续发展提供重要帮助。

本章通过1980年胶州湾石油（PHC）的调查资料，探讨在胶州湾海域，PHC的来源、分布以及迁移过程，研究胶州湾水域PHC的含量现状、分布特征和季节变化，为PHC污染环境的治理和修复提供理论依据。

2.1 背 景

2.1.1 胶州湾自然环境

胶州湾是一个半封闭的深入内陆的天然海湾,地理位置为东经120°04′~120°23′,北纬35°58′~36°18′,位于山东半岛南岸西部,为青岛市所包围,面积约为446km²,平均水深约7m。湾东部和东北部沿岸是青岛市的工业密集区域。胶州湾有洋河、大沽河等主要河流注入水流。在胶州湾的东部,有海泊河、李村河和娄山河,这三条河常年无自然径流,上游常年干涸,随着青岛市经济的迅速发展,中游、下游已成为市区工业废水和生活污水的排污沟渠。带有工业及生活废水,汇入海区,给胶州湾带来大量的污染物,对胶州湾的环境影响比较大。

2.1.2 材料与方法

本研究所使用的1980年6月、7月、9月和10月胶州湾水体石油烃的调查资料由国家海洋局北海环境监测中心提供。在胶州湾水域设9个站位取水样(图2-1、图2-2)：H34、H35、H36、H37、H38、H39、H40、H41和H82。于1980年6月、7月、9月和10月4次进行取样。10月期间还增设A、B、C、D四个区域,

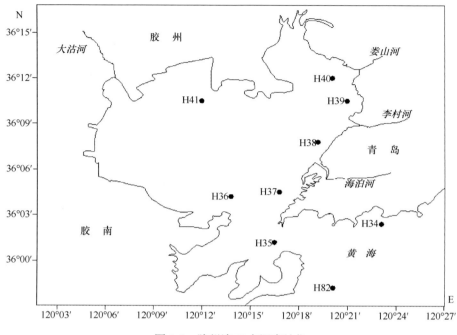

图 2-1　胶州湾 H 点调查站位

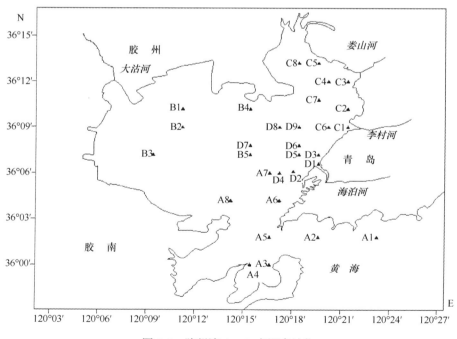

图 2-2　胶州湾 A～D 点调查站位

一共增设了 30 个站位，分别是 A 区 8 个站位：A1、A2、A3、A 4、A5、A6、A7和 A8；B 区 5 个站位：B1、B2、B3、B4 和 B5；C 区 8 个站位：C1、C2、C3、C4、C5、C6、C7 和 C8；D 区 9 个站位：D1、D2、D3、D4、D5、D6、D7、D8和 D9（图 2-2），根据水深取水样（＞10m 时取表层和底层，＜10m 时只取表层），调查采样中用抛浮式无油玻璃采水器采集表层海水样品 500ml 用于石油烃分析，样品采集后立即加入 1：3H_2SO_4 溶液；调节样品至弱酸性（pH≈4），然后用 0.01m^3石油醚萃取 2 次，萃取液密封后在（5±2）℃条件下避光保存。在实验室中应用751 GD 紫外分光光度计测定水样中油类含量。这个方法与《海洋监测规范》（1991年）规定的方法是一致的[4]。

2.2　石油的分布

2.2.1　含　量　大　小

6 月，在胶州湾水体中，PHC 的含量范围为 0.019～0.141mg/L。只有湾外的H34 和 H82 站位的水域，PHC 的含量为 0.019mg/L，达到了国家一类、二类海水水质标准（0.05mg/L）。而在湾内的水域，PHC 的含量超过了 0.10mg/L，整个水域都达到了国家三类海水水质标准（0.30mg/L）。

7 月，在胶州湾水体中，PHC 的含量范围为 0.018～0.076mg/L。水体中PHC 的含量明显减少，只有湾内的东北部近岸水域：站位 H38、H39、H40和 H41，这个水域海泊河、李村河、娄山河和大沽河的入海口以及它们之间的近岸水域，PHC 的含量大于 0.05mg/L，都达到了国家三类海水水质标准（0.30mg/L），该水域 PHC 的含量都小于 0.10mg/L。而在湾外、湾口和湾中心的水域，PHC 的含量小于 0.05mg/L，都达到了国家一类、二类海水水质标准（0.05mg/L）。

9 月，在胶州湾水体中，PHC 的含量范围为 0.046～0.09mg/L。水体中 PHC的含量明显增加，除了 H36 和 H38 站位，整个水域都达到了国家三类海水水质标准（0.30 mg/L）。只有湾外的 H36 和 H38 站位的水域，PHC 的含量为 0.046mg/L，达到了国家一类、二类海水水质标准（0.05mg/L）。

10 月，在胶州湾水体中，PHC 的含量范围为 0.012～0.155mg/L。大部分水域中 PHC 的含量明显减少，达到了国家一类、二类海水水质标准（0.05mg/L）。小部分水域中 PHC 的含量明显增加，达到了国家三类海水水质标准（0.30mg/L）。这小部分水域由 C1、C3、C5、C8、D1 和 D2 站位所组成，也是东部的近岸水域，即海泊河、李村河和娄山河的入海口水域及其它们之间的近岸水域。其中 D1 站位是海泊河的入海口水域，C1 站位是李村河的入海口水域，C3 站位是娄山河的入海口水域，在 D1、C1 和 C3 站位，PHC 的含量较高，分别为 0.152mg/L、0.098mg/L 和 0.155mg/L（表 2-1）。

表 2-1　6 月、7 月、9 月和 10 月的胶州湾表层水质

月份	6 月	7 月	9 月	10 月
海水中 PHC 含量/（mg/L）	0.019～0.141	0.018～0.076	0.046～0.09	0.012～0.155
国家海水标准	二类、三类海水	二类、三类海水	二类、三类海水	二类、三类海水

2.2.2　表层水平分布

6 月，湾内水体中表层 PHC 的水平分布：在湾的东部，PHC 的含量大小由北向南方向递减，从湾北部的 0.141mg/L 降低到湾口的 0.125mg/L，再一直降低到湾外的 0.019mg/L。在胶州湾的湾口水域，表层 PHC 含量的等值线几乎平行于与湾口两岸的连线，并且形成了一系列不同梯度的平行线，其含量由湾内向湾外递减，其含量从 0.125mg/L 减少到 0.045mg/L（图 2-3）。

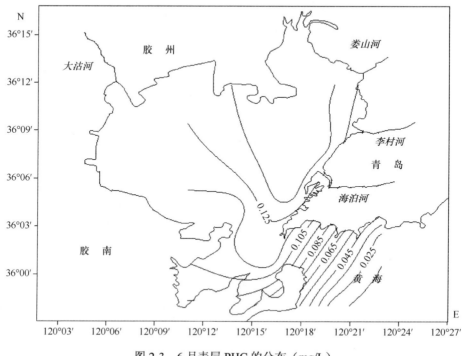

图 2-3　6 月表层 PHC 的分布（mg/L）

7 月，表层 PHC 含量的等值线（图 2-4）展示以站位 H38、H39 为中心，形成了一系列不同梯度的半个同心圆。湾的东部、东北部有相邻的海泊河、李村河和娄山河，以及湾的北部有相邻的娄山河和大沽河，在这 4 个河流的入海口之间的近岸水域，形成了 PHC 的高含量区，这是以站位 H38、H39 为中心的，PHC 含量从中心高含量 0.076mg/L 沿梯度降低。在湾口 H35 站位，有一个低含量区域，其低含量的中心值为 0.018mg/L。

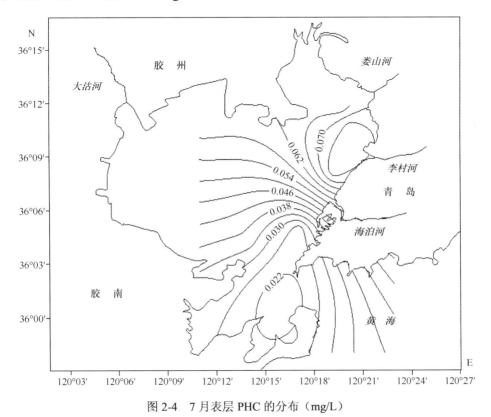

图 2-4　7 月表层 PHC 的分布（mg/L）

9 月，湾的东北部有娄山河，这个河流的入海口之间的近岸水域，以站位 H40 为中心，形成了一系列不同梯度的半个同心圆。PHC 的含量大小由北向南方向递减，从湾东北部的 0.09mg/L 降低到湾口的 0.046mg/L。由于湾的东北部含量比较高，整个胶州湾水域都受到影响，PHC 的含量比较高（图 2-5）。

10 月，由 C1、C3、C5、C8、D1 和 D2 站位组成东部的近岸水域，这也是海泊河、李村河和娄山河的入海口水域及其它们之间的近岸水域，形成了 PHC 的高含量区。其中 D1 站位是海泊河的入海口水域，C1 站位是李村河的入海口水域，C3 站位是娄山河的入海口水域，在 D1、C1 和 C3 站位，PHC 的含量较高，

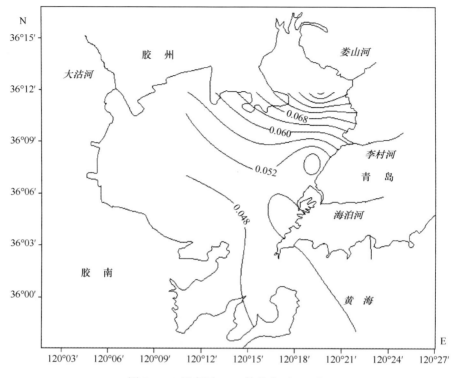

图 2-5 9 月表层 PHC 的分布（mg/L）

分别为 0.152mg/L、0.098mg/L 和 0.155mg/L。分别以 D1、C1 和 C3 站位中心，形成了一系列不同梯度的长条梯田形状，PHC 含量由近岸水域到湾中心沿梯度降低（图 2-6）。这样，沿着海泊河、李村河和娄山河的河流方向，在胶州湾水体中 PHC 的值在递减，一直减到小于 0.05mg/L。于是，在胶州湾水体中，大部分水域中 PHC 的含量非常低，形成了低值区域，其最低值为 0.012mg/L。

2.2.3 底层水平分布

底层 PHC 含量的调查站位有 H34、H35、H36、H37 和 H82。

6 月、7 月、9 月和 10 月，在胶州湾的湾口水域，底层 PHC 含量的等值线几乎平行于湾口两岸的连线，并且形成了一系列不同梯度的平行线。6 月，沿梯度其含量由湾内向湾外递减，其含量从 0.147mg/L 减少到 0.036mg/L（图 2-7）；7 月，沿梯度其含量由湾内向湾外递增，其含量从 0.033mg/L 增加到 0.060mg/L（图 2-8）；9 月，沿梯度其含量由湾内向湾外递减，其含量从 0.102mg/L 减少到 0.068mg/L（图 2-9）；10 月，沿梯度其含量由湾内向湾外递减，其含量从 0.065mg/L 减少到 0.028mg/L（图 2-10）。

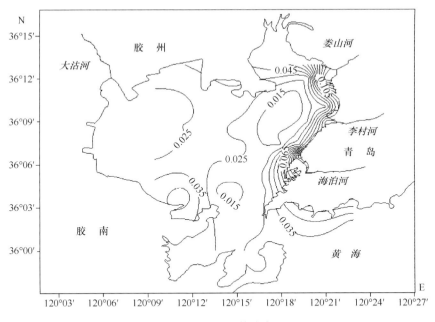

图 2-6　10 月表层 PHC 的分布（mg/L）

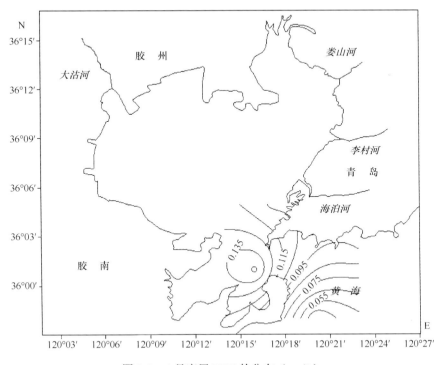

图 2-7　6 月底层 PHC 的分布（mg/L）

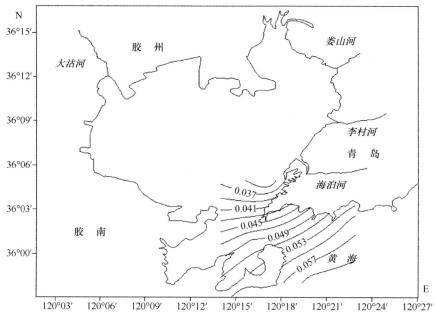

图 2-8　7 月底层 PHC 的分布（mg/L）

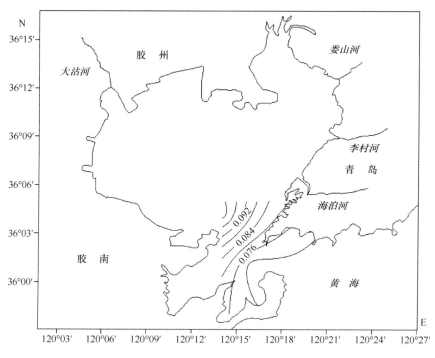

图 2-9　9 月底层 PHC 的分布（mg/L）

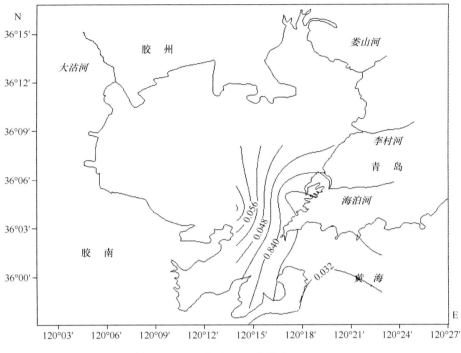

图 2-10　10 月底层 PHC 的分布（mg/L）

2.2.4　垂　直　分　布

6 月、7 月、9 月和 10 月，在 H34、H35、H36、H37 和 H82 站位，得到了 PHC 在表层、底层的含量值。6 月，PHC 的表层含量为 0.019～0.141mg/L，其对应的底层含量为 0.036～0.147mg/L。7 月，PHC 的表层含量为 0.018～0.047mg/L，其对应的底层含量为 0.033～0.060mg/L。9 月，PHC 的表层含量为 0.046～0.056mg/L，其对应的底层含量为 0.068～0.102mg/L。10 月，PHC 的表层含量为 0.012～0.030mg/L；其对应的底层含量为 0.028～0.065mg/L。可见，胶州湾表层水体中，PHC 的表层含量高其对应的底层含量就高，反之亦然。

6 月，表层、底层的含量之差范围为 –0.076～0.038µg/L，只有一个站位 H37 是正值，其他站位都为负值。7 月，在表层、底层的含量之差范围为 –0.031～ –0.002µg/L，所有站位都为负值。9 月，在表层、底层的含量之差范围为 –0.056～ –0.012µg/L，所有站位都为负值。10 月，在表层、底层的含量之差范围为 –0.053～ 0.002µg/L，只有一个站位 H82 是正值，其他站位都为负值。因此，PHC 的表层、底层含量都相近，PHC 在表层的含量几乎都大于底层的含量，表层 PHC 的变化范围小于底层的变化范围。

2.2.5　季　节　分　布

6月、7月、9月和10月，在H34、H35、H36、H37和H82站位都有表层PHC含量的调查。

6月，在胶州湾水体中，PHC的含量范围为0.019～0.141mg/L。在湾内水域，PHC的含量超过了0.10mg/L。

7月，在胶州湾水体中，PHC的含量范围为0.018～0.076mg/L。在海泊河、李村河、娄山河和大沽河的入海口及它们之间的近岸水域，PHC的含量大于0.05mg/L。

9月，在胶州湾水体中，PHC的含量范围为0.046～0.09mg/L。水体中PHC的含量明显增加，在湾内水域，PHC的含量几乎大于0.05mg/L。

10月，在胶州湾水体中，PHC的含量范围为0.012～0.155mg/L。大部分水域中PHC的含量明显减少，只有海泊河、李村河和娄山河的入海口水域及它们之间的近岸水域，PHC的含量大于0.98mg/L。

这表明在胶州湾水体中PHC表层含量在6月、7月、9月和10月变化不显著，没有明显的季节变化。同样，在胶州湾水体中PHC底层含量也没有明显的季节变化。

2.3　石油的污染源

2.3.1　水　　质

在胶州湾水体中，6月，在整个湾内水域，PHC的含量达到了三类海水水质标准。7月，在海泊河、李村河、娄山河和大沽河的入海口以及它们之间的近岸水域，PHC的含量达到了三类海水水质标准，在湾内的其他水域，PHC的含量达到了二类海水水质标准。9月，在整个湾内水域，PHC的含量达到了三类海水水质标准。10月，在海泊河、李村河和娄山河的入海口水域及它们之间的近岸水域，PHC的含量达到了三类海水水质标准，在湾内的其他水域，PHC的含量达到了二类海水水质标准。

2.3.2　污　　染　　源

6月，在整个湾内水域，PHC的含量比较高，在湾的东部，PHC的含量大小由北向南方向递减。7月，在海泊河、李村河、娄山河和大沽河的入海口及它们之间的近岸水域，形成了 PHC 的高含量区，PHC 含量从中心高含量沿梯度降低。9 月，在湾的东北部，娄山河的入海口之间的近岸水域，形成了一系列不同梯度的半个同心圆，PHC 的含量大小由北向南方向递减。10 月，海泊河、李村河和娄山河的入海口水域及其它们之间的近岸水域，形成了 PHC 的高含量区，形成了一系列不同梯度的长条梯田形状，PHC 含量由近岸水域到湾中心沿梯度降低。因此，在空间尺度上，海泊河、李村河、娄山河和大沽河都为胶州湾水域提供了大量的高含量 PHC，使得在海泊河、李村河、娄山河和大沽河的入海口及它们之间的近岸水域，形成了 PHC 的高含量区，PHC 含量从中心高含量沿梯度降低。另外，在时间尺度上，6 月和 9 月，海泊河、李村河、娄山河和大沽河已经为胶州湾水域提供了大量的高含量 PHC，使得整个湾内的水域中，PHC 的含量比较高。7 月和 10 月，海泊河、李村河、娄山河和大沽河刚刚开始为胶州湾水域提供大量的高含量 PHC 河水，使得海泊河、李村河和娄山河的入海口水域及它们之间的近岸水域，形成了 PHC 的高含量区，而在胶州湾的其他水域，PHC 的含量比较低。这表明胶州湾东部和东北部的海泊河、李村河和娄山河，还有北部的大沽河，都是胶州湾 PHC 含量的主要来源，河流输送的 PHC 含量在时间上没有固定的变化。

2.3.3　陆地迁移过程

胶州湾东部和东北部沿岸是青岛市的工业密集区域和生活居住区，工业废水和生活污水排放比较多。在胶州湾东部和东北部沿岸有三条河：海泊河、李村河和娄山河，这三条河基本上承担着工业废水及生活污水向胶州湾排污的功能，给胶州湾带来大量的具有 PHC 的污染物[5]。在胶州湾北部沿岸有大沽河，靠近大沽河的北部沿岸，没有工业密集区域和生活居住区，工业废水和生活污水排放相对比较少，给胶州湾带来少量的具有 PHC 的污染物。因此，胶州湾水域的 PHC 含量是由胶州湾周边河流输送的。

2.3.4　水域迁移过程

PHC 从河口经过胶州湾，迁移到湾外，展示了 PHC 的水域迁移过程。海泊河、李村河和娄山河的入海口在胶州湾的东部和东北部水域，为湾的东北部近岸水域提供了河流的输送，沿着河流的输送方向展示了 PHC 的含量形成了梯度的变化：从大到小呈下降趋势。

PHC 的水域迁移过程：PHC 进入表层海水，会受到海水的稀释，会被微生物分解。进一步，PHC 吸附在固体颗粒物上沉积，吸附与沉淀作用可使海洋中的 PHC 进入沉积物[6]。从春季 5 月开始，海洋生物大量繁殖，数量迅速增加，到夏季的 8

月，形成了高峰值[7]，由于浮游生物的繁殖活动，悬浮颗粒物表面形成胶体，此时的吸附力最强，吸附了大量的 PHC，大量的 PHC 随着悬浮颗粒物迅速沉降到海底。同时，微生物分解大量 PHC。这样，造成了 PHC 的表层含量迅速下降。

10 月的表层 PHC 水平分布，在海泊河、李村河和娄山河的入海口水域及其它们之间的近岸水域，形成了 PHC 的高含量区，而在胶州湾的其他大部分水域：湾中心、湾口和湾外，PHC 的含量比较低。这展示了河流对 PHC 的大量输送和表层 PHC 含量的迅速下降。另外，6 月，PHC 在整个湾内水域的高含量，到 7 月，在胶州湾的其他大部分水域，PHC 含量变得比较低。这说明了 PHC 表层含量的迅速下降。

PHC 的表层、底层含量都相近，水体的垂直断面分布均匀。而且，在胶州湾的表层水体中，PHC 表层含量高的对应其底层含量就高，反之亦然。这充分揭示了 PHC 表层含量迅速下降的过程及结果。

2.3.5 河流输送

在胶州湾水体中，PHC 表层含量在 6 月、7 月、9 月和 10 月变化不显著，没有明显的季节变化。同样，在胶州湾水体中 PHC 底层含量也没有明显的季节变化。胶州湾水体中，PHC 含量完全依赖于河流对 PHC 的大量输送，这与胶州湾的入湾河流输送六六六（HCH）的结果是一致的[8~11]。将河流输送 PHC 含量的强度分为 4 个阶段。第一阶段，出现了 PHC 的高含量区。10 月，海泊河、李村河、娄山河刚刚开始为胶州湾水域提供大量的高含量 PHC，使得海泊河、李村河和娄山河的入海口水域及其它们之间的近岸水域，形成了 PHC 的高含量区，而在胶州湾的其他大部分水域：湾中心、湾口和湾外，PHC 的含量比较低。第二阶段，PHC 的高含量区进一步扩展。7 月，湾的东部、东北部有相邻的海泊河、李村河和娄山河，以及湾的北部有相邻的娄山河和大沽河，在这 4 条河流的入海口之间的近岸水域，形成了 PHC 的高含量区。而在胶州湾的其他部分水域：湾中心、湾口和湾外，PHC 的含量比较低。第三阶段，PHC 的高含量区已经扩展到整个胶州湾水域。9 月，整个胶州湾水域都受到 PHC 的影响，PHC 含量比较高，在 PHC 含量相对比较低的湾口水域，PHC 含量都达到了 0.046mg/L。第四阶段，整个胶州湾水域都成为 PHC 的高含量区，而且，PHC 的含量进一步提高。6 月，整个胶州湾水域都成为 PHC 的高含量区，PHC 含量更高，在 PHC 含量相对比较低的湾口水域，PHC 含量都达到了 0.125mg/L。这 4 个阶段展示了河流输送 PHC 含量的强度变化过程。由于河流输送 PHC 含量强度变化比较快，在胶州湾的水域内展示了 PHC 的表层、底层含量都相近，PHC 在表层的含量几乎都大于底层的含量。

2.4　结　　论

在胶州湾水体中，PHC 的含量达到了三类海水水质标准的水域有：6 月和 9 月，在整个湾内的水域；7 月，在海泊河、李村河、娄山河和大沽河的入海口以及它们之间的近岸水域；10 月，在海泊河、李村河和娄山河的入海口水域及它们之间的近岸水域。除了上述水域外，在湾内的其他水域，PHC 的含量达到了二类海水水质标准。在空间和时间尺度上表明，胶州湾东部和东北部的海泊河、李村河和娄山河，还有北部的大沽河，都是胶州湾 PHC 污染的主要来源。

通过 PHC 的陆地迁移过程，展示了胶州湾水域的 PHC 含量是由胶州湾周边河流输送的，胶州湾周边河流主要有东部和东北部的海泊河、李村河和娄山河，还有北部的大沽河，给胶州湾提供了大量的高含量 PHC，这其中大沽河与其他三条河流相比，提供含量 PHC 相对比较少。这样，从湾的东部、东北部和北部近岸水域到湾的其他水域包括湾中心、湾口和湾外都展示了 PHC 的含量从大到小的下降趋势。

通过 PHC 的水域迁移过程，展示了 PHC 的表层、底层含量都相近，水体的垂直断面分布均匀。而且，在胶州湾的表层水体中，PHC 的表层含量高的对应的其底层含量就高，反之亦然。这充分揭示了 PHC 表层含量迅速下降的过程及结果。PHC 的表层含量迅速下降是由于微生物对 PHC 的大量分解和大量的 PHC 随着悬浮颗粒物迅速沉降到海底。10 月的表层 PHC 水平分布和 6 月至 7 月的表层 PHC 含量变化，都说明了河流对 PHC 的大量输送和表层 PHC 含量的迅速下降。

在胶州湾水体中，PHC 表层含量在 6 月、7 月、9 月和 10 月变化不显著，没有明显的季节变化。同样，在胶州湾水体中 PHC 底层含量也没有明显的季节变化。胶州湾水体中，PHC 含量完全依赖于河流对 PHC 的大量输送。作者将河流输送的强度分为 4 个阶段。第一阶段，出现了 PHC 的高含量区。第二阶段，PHC 的高含量区进一步扩展。第三阶段，PHC 的高含量区已经扩展到整个胶州湾水域。第四阶段，整个胶州湾水域都成为 PHC 的高含量区，而且，PHC 的含量进一步提高。这 4 个阶段展示了河流输送 PHC 含量的强度变化过程。由于河流输送 PHC 含量强度变化比较快，在胶州湾的水域内展示了 PHC 的表层、底层含量都相近，PHC 在表层的含量几乎都大于底层的含量。

胶州湾水域中的 PHC 含量主要来源于河流的输送，这是由于工业废水和生活污水的排放。因此，加强对工业废水和生活污水的处理，减少含有 PHC 的污染物排放，就会使河流、海湾减少 PHC 的污染。

参 考 文 献

[1] 肖祖骐. 起步中的中国海洋石油开发. 油气田地面工程, 1987, 6(4): 50-52.

[2] Levy E M. Oil Pollution in the World's Oceans. Ambio, 1984, 13(4): 226-235.

[3] National research council. Oil in the Sea. Washington, DC: National Academy Press, 1985.

[4] 国家海洋局. 海洋监测规范(HY003.4-91). 北京: 海洋出版社, 1991: 205-282.

[5] Yang D F, Zhang Y C, Zou J, et al. Contents and distribution of petroleum hydrocarbons (PHC) in Jiaozhou Bay waters. Open Journal of Marine Science, 2011, 2(3): 108-112.

[6] 尚龙生, 孙茜, 徐恒振, 等. 海洋石油污染与测定. 海洋环境科学, 1997, 16(1): 16-21.

[7] 杨东方, 王凡, 高振会, 等. 胶州湾浮游藻类生态现象. 海洋科学, 2004, 28(6): 71-74.

[8] 杨东方, 高振会, 曹海荣, 等. 胶州湾水域有机农药六六六分布及迁移. 海岸工程, 2008, 27(2): 65-71.

[9] 杨东方, 高振会, 孙培艳, 等. 胶州湾水域有机农药六六六春、夏季的含量及分布. 海岸工程, 2009, 28(2): 69-77.

[10] 杨东方, 曹海荣, 高振会, 等. 胶州湾水体重金属 Hg I . 分布和迁移. 海洋环境科学, 2008, 27(1): 37-39.

[11] 杨东方, 王磊磊, 高振会, 等. 胶州湾水体重金属 Hg II . 分布和污染源. 海洋环境科学, 2009, 28(5): 501-505.

第3章　胶州湾湾口底层水域的石油变化法则

石油（PHC）被广泛地应用在工业、农业生产中，并产生大量的石油废水，在陆地表面和河流输送下，引起了海洋水质的变化[1~5]。这样，由于大量高浓度的石油具有强毒性，能够对水体环境造成严重危害。因此，本文通过 1980 年胶州湾石油（PHC）的调查资料，研究胶州湾的湾口底层水域，确定 PHC 的含量、分布以及迁移过程，展示了胶州湾底层水域 PHC 的含量现状和分布特征及变化法则，为 PHC 在底层水域的存在及迁移的研究提供科学依据。

3.1　背　　景

3.1.1　胶州湾自然环境

胶州湾位于山东半岛南部，其地理位置为东经 120°04′～120°23′，北纬 35°58′～36°18′，以团岛与薛家岛连线为界，与黄海相通，面积约为 446km^2，平均水深约 7m，是一个典型的半封闭型海湾。胶州湾入海的河流有十几条，其中径流量和含沙量较大的为大沽河和洋河，青岛市区的海泊河、李村河和娄山河等河流，这些河流均属季节性河流，河水水文特征有明显的季节性变化[6,7]。

3.1.2　材料与方法

本研究所使用的 1980 年 6 月、7 月、9 月和 10 月胶州湾水体 PHC 的调查资料由国家海洋局北海监测中心提供。在胶州湾水域设 9 个站位取水样（图 3-1）：H34、H35、H36、H37、H38、H39、H40、H41 和 H82。底层 PHC 含量的调查站位有：H34、H35、H36、H37 和 H82。分别于 1984 年 6 月、7 月、9 月和 10 月 4 次进行取样，根据水深取水样（＞10m 时取表层和底层，＜10m 时只取表层），进行调查采样。按照国家标准方法进行胶州湾水体 PHC 的调查，该方法被收录在国家的《海洋监测规范》中（1991 年）[8]。

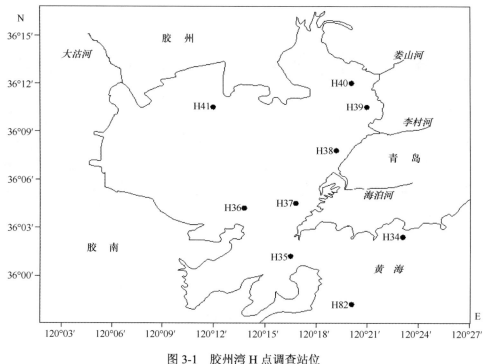

图 3-1　胶州湾 H 点调查站位

3.2　石油的底层分布

3.2.1　底层含量大小

6 月，在胶州湾水体中，PHC 的含量范围为 0.036～0.147mg/L。只有湾口的湾外 H82 站位水域，PHC 的含量为 0.036mg/L，符合国家一类、二类海水水质标准（0.05mg/L）。而在湾内的水域，PHC 的含量超过了 0.10mg/L，而湾外的 H34 站位的水域，PHC 的含量为 0.095mg/L。因此，除了湾外的南部水域，整个水域都达到了国家三类海水水质标准（0.30mg/L）。

7 月，在胶州湾水体中，PHC 的含量范围为 0.033～0.060mg/L。水体中 PHC 的含量明显减少，湾口的湾内水域：站位 H35、H36、H37，PHC 的含量小于 0.05mg/L，都符合国家一类、二类海水水质标准（0.05mg/L）。湾口的湾外水域：站位 H34、H82，PHC 的含量小于 0.30mg/L，都符合国家三类海水水质标准（0.30mg/L）。

9 月，在胶州湾水体中，PHC 的含量范围为 0.068～0.102mg/L。水体中 PHC 的含量明显增加，湾口的湾内和湾外水域，整个水域都达到了国家三类海水水质标准（0.30mg/L）。

10 月，在胶州湾水体中，PHC 的含量范围为 0.028～0.065mg/L。只有湾口的湾内 H36 站位水域，PHC 的含量为 0.065mg/L，符合国家三类海水水质标准（0.30mg/L）。而其他水域中 PHC 的含量明显减少，达到了国家一类、二类海水水质标准（0.05mg/L）（表 3-1）。

表 3-1　6 月、7 月、9 月和 10 月的胶州湾表层水质

时间	6 月	7 月	9 月	10 月
海水中 PHC 含量/（mg/L）	0.036～0.147	0.033～0.060	0.068～0.102	0.028～0.065
国家海水标准	二类、三类海水	二类、三类海水	二类、三类海水	二类、三类海水

因此，6 月、7 月、9 月和 10 月，PHC 在胶州湾水体中的底层 PHC 含量范围为 0.028～0.147mg/L，符合国家一类、二类和三类海水水质标准。这表明在 PHC 含量方面，6 月、7 月、9 月和 10 月，在胶州湾的湾口底层水域，水质受到 PHC 的轻度污染（表 3-1）。

3.2.2　底层水平分布

6 月、7 月、9 月和 10 月，在胶州湾的湾口底层水域，从湾口内侧到湾口，再到湾口外侧，在胶州湾的湾口水域的这些站位：H34、H35、H36、H37 和 H82，PHC 含量有底层的调查，PHC 含量在底层的水平分布如下。

6 月，在胶州湾的湾口底层水域，从湾口到湾口外侧，在胶州湾的湾口水域 H35 站位，PHC 的含量达到较高（0.147mg/L），以湾口水域为中心形成了 PHC 的高含量区，形成了一系列不同梯度的平行线。PHC 含量从湾口的高含量（0.147mg/L）到湾外水域沿梯度递减为 0.036mg/L（图 3-2）。

7 月，在胶州湾的湾口底层水域，从湾口外侧的东部到湾口内侧，在胶州湾湾口外侧的东部水域 H34 站位，PHC 的含量达到较高（0.060mg/L），以湾口外侧东部水域为中心形成了 PHC 的高含量区，形成了一系列不同梯度的平行线。PHC 含量从湾口外侧东部水域的高含量（0.060mg/L）到湾外沿梯度递减为 0.033mg/L（图 3-3）。

9 月，在胶州湾的湾口底层水域，从湾口内侧到湾口外侧，在胶州湾湾口内侧水域 H36 站位，PHC 的含量达到较高（0.102mg/L），以湾口内侧水域为中心形成了 PHC 的高含量区，形成了一系列不同梯度的平行线。PHC 含量从湾口内侧水域的高含量（0.102mg/L）到湾口外侧沿梯度递减为 0.068mg/L（图 3-4）。

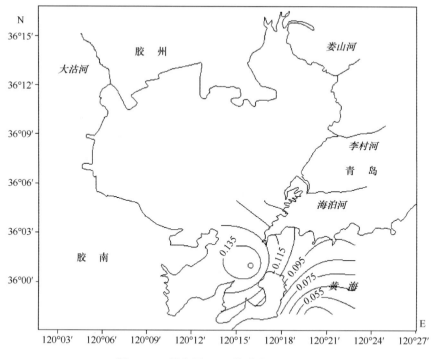

图 3-2　6 月底层 PHC 的分布（mg/L）

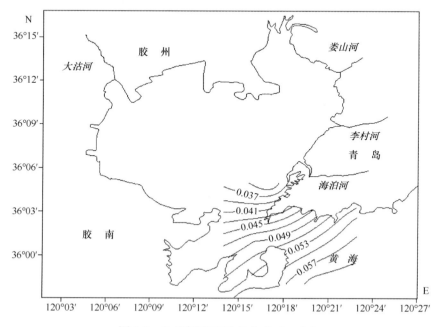

图 3-3　7 月底层 PHC 的分布（mg/L）

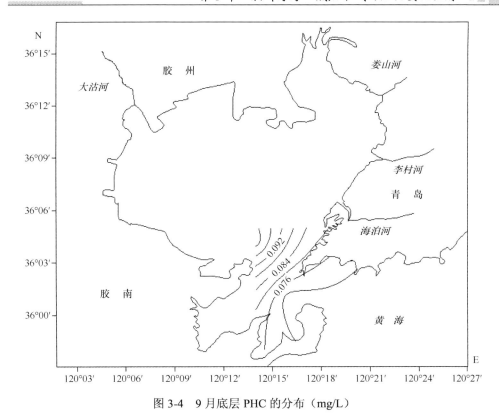

图 3-4　9 月底层 PHC 的分布（mg/L）

10 月，在胶州湾的湾口底层水域，从湾口内侧到湾口外侧，在胶州湾湾口内侧水域 H36 站位，PHC 的含量达到较高（0.065mg/L），以湾口内侧水域为中心形成了 PHC 的高含量区，形成了一系列不同梯度的平行线。PHC 含量从湾口内侧水域的高含量（0.065mg/L）到湾口外侧沿梯度递减为 0.028mg/L（图 3-5）。

因此，从湾口内侧到湾口外侧，无论沿梯度递减或者递增，PHC 含量都形成了一系列不同梯度的平行线。

3.3　石油变化的法则

3.3.1　水　　质

在胶州湾水域，PHC 含量是来自地表径流的输送和河流的输送。PHC 先来到水域的表层，然后，PHC 从表层穿过水体，来到底层。PHC 经过了垂直水体的效应作用[9]，呈现了 PHC 含量在胶州湾的湾口底层水域变化范围为 0.028～0.147mg/L，这符合国家二类、三类海水水质标准。这展示了在 PHC 含量方面，

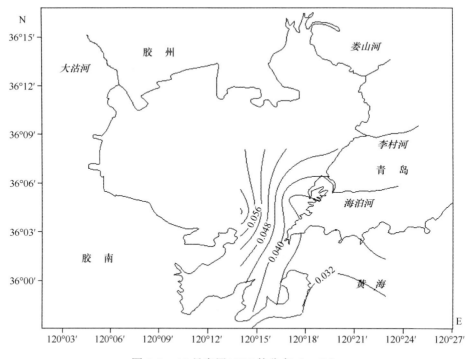

图 3-5　10 月底层 PHC 的分布（mg/L）

胶州湾的湾口底层水域，水质受到 PHC 的轻度污染。

3.3.2　迁　移　过　程

在胶州湾的表层水域，湾内海水经过湾口与外海水交换，从湾内到湾外的物质浓度在不断地降低，同样，从湾外到湾内的物质浓度也在不断地降低[10]。

在胶州湾的湾口底层水域，6 月，从湾口到湾口外侧，PHC 含量从湾口水域到湾外水域沿梯度递减。同样，9 月和 10 月，从湾口内侧到湾口外侧，PHC 含量从湾口水域到湾外水域沿梯度递减。这展示了：从湾口内侧或者从湾口到湾口外侧，PHC 含量都在不断地降低。因此，在胶州湾的湾口底层水域，从湾内到湾外的物质浓度在不断地降低，如 6 月、9 月和 10 月 PHC 含量的变化。

在胶州湾的湾口底层水域，7 月，从湾口外侧到湾口内侧，PHC 含量从湾外水域到湾内水域沿梯度递减。这展示了：从湾口外侧到湾口内侧，PHC 含量都在不断地降低。因此，在胶州湾的湾口底层水域，从湾外到湾内的物质浓度在不断地降低，如 7 月 PHC 含量的变化。

这样，作者认为，在胶州湾的底层水域，湾内海水经过湾口与外海水交换，从湾内到湾外的物质浓度在不断地降低，同样，从湾外到湾内的物质浓度也在不断地降低。

3.4　结　　论

6 月、7 月、9 月和 10 月，在胶州湾的湾口底层水域，PHC 含量的变化范围为 0.028～0.147mg/L，符合国家二类、三类海水水质标准。这表明已经受到轻微的 PHC 污染。因此，在 PHC 经过垂直水体的效应作用下，在 PHC 含量方面，胶州湾的湾口底层水域，水质受到 PHC 的轻度污染。

在胶州湾的湾口底层水域，6 月，从湾口到湾口外侧，PHC 含量从湾口水域到湾外水域沿梯度递减。同样，9 月和 10 月，从湾口内侧到湾口外侧，PHC 含量从湾口水域到湾外水域沿梯度递减。而 7 月，从湾口外侧到湾口内侧，PHC 含量从湾外水域到湾内水域沿梯度递减。作者提出湾口底层水域的物质浓度变化法则：在胶州湾的湾口底层水域，湾内海水经过湾口与外海水交换，从湾内到湾外的物质浓度在不断地降低，同样，从湾外到湾内的物质浓度也在不断地降低。

参 考 文 献

[1] Yang D F, Zhang Y C, Zou J, et al. Contents and distribution of petroleum hydrocarbons (PHC) in Jiaozhou Bay waters. Open Journal of Marine Science, 2011, 2(3): 108-112.

[2] 杨东方, 孙培艳, 陈晨, 等. 胶州湾水域石油烃的分布及污染源. 海岸工程, 2013, 32(1): 60-72.

[3] Yang D F, Sun P Y, Ju L, et al. Input features of petroleum hydrocarbon in Jiaozhou Bay. Proceedings of the 2015 international symposium on computers and informatics. 2015: 2647-2654.

[4] Yang D F, Wang F Y, Zhu S X, et al. Distribution and homogeneity of petroleum hydrocarbon in Jiaozhou Bay. Proceedings of the 2015 international symposium on computers and informatics. 2015: 2661-2666.

[5] Yang D F, Wu Y F, He H Z, et al. Vertical distribution of Petroleum Hydrocarbon in Jiaozhou Bay. Proceedings of the 2015 international symposium on computers and informatics. 2015: 2647-2654.

[6] Yang D F, Chen Y, Gao Z H, et al. Silicon limitation on primary production and its destiny in Jiaozhou Bay, China Ⅳ transect offshore the coast with estuaries. Chin J Oceanol Limnol, 2005, 23(1): 72-90.

[7] 杨东方, 王凡, 高振会, 等. 胶州湾浮游藻类生态现象. 海洋科学, 2004, 28(6): 71-74.

[8] 国家海洋局. 海洋监测规范. 北京: 海洋出版社, 1991.

[9] Yang D F, Wang F Y, He H Z, et al. Vertical water body effect of benzene hexachloride. Proceedings of the 2015 international symposium on computers and informatics. 2015: 2655-2660.

[10] 杨东方, 苗振清, 徐焕志, 等. 胶州湾海水交换的时间. 海洋环境科学, 2013, 32(3): 373-380.

第4章　胶州湾水域石油的分布及变化趋势

在全球经济迅速发展的情况下，世界范围内的石油供求在不断增长，石油成为现代社会的主要能源。我国海洋石油勘探是从 20 世纪 60 年代开始的，1975 年渤海第一座海上试验采油平台投产，揭开了我国海洋石油开发的序幕[1]。随着海洋石油勘探的开发不断加强、规模不断扩大，海上石油勘探、开发和炼制业的发展，交通运输与油船事故的发生，使大量的石油进入海洋[1, 2]，对海洋环境造成了严重的污染。因此，了解近海的 PHC 污染程度和污染源，对保护海洋环境、维持生态可持续发展提供重要帮助。

在胶州湾水域，对 PHC 的含量、形态、分布及其污染现状和发展趋势都进行过研究[3, 4]。本文通过 1981 年胶州湾 PHC 的调查资料，探讨在胶州湾海域，PHC 的来源、分布以及变化过程，研究胶州湾水域 PHC 的含量现状和分布特征季节变化，为 PHC 污染环境的治理和修复提供理论依据。

4.1　背　　景

4.1.1　胶州湾自然环境

胶州湾是一个半封闭的深入内陆的天然海湾，地理位置为东经 120°04′～120°23′，北纬 35°58′～36°18′，位于山东半岛南岸西部，为青岛市所包围，面积约为 446km²，平均水深约 7m。湾东部和东北部沿岸是青岛市的工业密集区域。胶州湾有洋河、大沽河等主要河流注入水流。在胶州湾的东部，有海泊河、李村河和娄山河，这三条河常年无自然径流，上游常年干涸，随着青岛市经济的迅速发展，中游、下游已成为市区工业废水和生活污水的排污沟渠。带有工业及生活废水，汇入海区，给胶州湾带来大量的污染物，对胶州湾的环境影响比较大。

4.1.2　材料与方法

本研究所使用的 1981 年 4 月、8 月和 11 月胶州湾水体石油烃的调查资料由国家海洋局北海监测中心提供。以 4 月调查的数据代表春季，以 8 月调查的数据代表夏季，以 11 月调查的数据代表秋季。在胶州湾水域，4 月，有 31 个站位取水样：H34、A1、A2、A3、A4、A5、A6、A7、A8、B1、B2、B3、B4、B5、C1、C2、C3、C4、C5、C6、C7、C8、D1、D2、D3、D4、D5、D6、D7、D8、D9，8 月，有 37 个站位取水样：A1、A2、A3、A4、A5、A6、A7、A8、B1、B3、B4、B5、C1、C2、C3、C4、C5、C6、C7、C8、D1、D2、D3、D4、D5、D6、D7、D8、D9、H34、H35、H36、H37、H38、H39、H40 和 H41；11 月，有 8 个站位取水样：H34、H35、H36、H37、H38、H39、H40 和 H41（图 4-1、图 4-2）。根据水深取水样（＞10m 时取表层和底层，＜10m 时只取表层），测定水样中油类含量的方法与《海洋监测规范》（1991 年）规定的方法是一致的[5]。

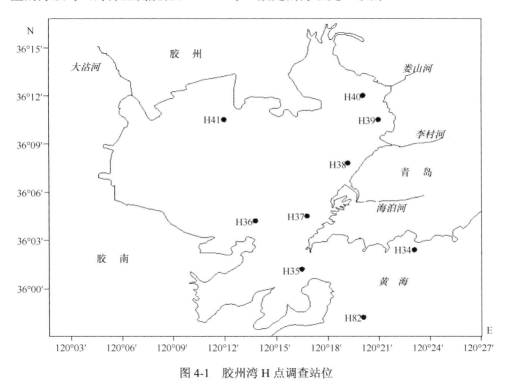

图 4-1　胶州湾 H 点调查站位

4.2　石油的分布

4.2.1　含量大小

4 月，在胶州湾水体中，PHC 的含量范围为 0.021～0.861mg/L。只有在湾口和河湾外的 A 站位的水域，PHC 的含量为 0.021～0.049mg/L，达到了国家一类、二类海水水质标准（0.05mg/L）。在湾内的水域，除了 B03、B04 和 C08 站位，整

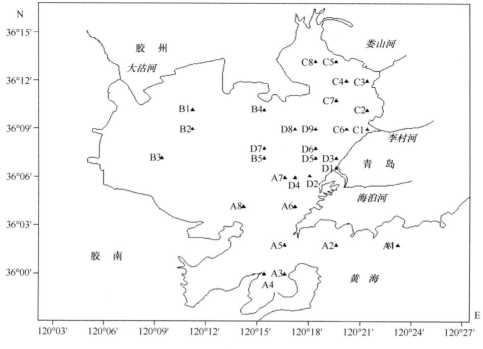

图 4-2　胶州湾 A～D 区调查站位

个湾内水域 PHC 的含量都超过了 0.05mg/L，整个水域都达到了国家三类海水水质标准（0.30mg/L）。而 B03、B04 和 C08 站位位于北部近岸水域，没有河流输入。那么，在河流输入的东部近岸水域，PHC 的含量都超过了 0.5mg/L，这个水域都超过了四类海水水质标准（0.50mg/L）。

8 月，在胶州湾水体中，PHC 的含量范围为 0.011～0.889mg/L。只有在湾口和湾外的 A 站位的水域，PHC 的含量为 0.011～0.049mg/L，达到了国家一类、二类海水水质标准（0.05mg/L）。在湾内的中心水体中，PHC 的含量也达到了国家一类、二类海水水质标准（0.05mg/L）。而在海湾内的其他水域，超过了国家二类海水水质标准。在东部的近岸水域，即 C1、D1 和 D2 站位组成的水域，这个水域 PHC 的含量都大于 0.10mg/L。其中 D1 站位是海泊河的入海口水域，C1 站位是李村河的入海口水域，尤其 D1 站位 PHC 的含量都达到了或超过了四类海水水质标准（0.50mg/L）。

11 月，在胶州湾水体中，PHC 的含量范围为 0.018～0.176mg/L。水体中 PHC 的含量明显减少。整个胶州湾水域都达到了国家二类、三类海水水质标准（0.30mg/L）。在湾外、湾西北部的水域，PHC 的含量小于 0.05mg/L，这个水域都达到了国家一类、二类海水水质标准（0.05mg/L）。而在其他水域，尤其在海泊河、李村河和娄山河的入海口水域及它们之间的近岸水域，这个水域达到了国家三类海水水质标准（0.30mg/L）（表4-1）。

表4-1　6月、7月、9月和10月的胶州湾表层水质

时间	4月	8月	11月
海水中 PHC 含量/（mg/L）	0.021～0.861	0.011～0.889	0.018～0.176
国家海水标准	二类、三类、四类和超四类海水	二类、三类、四类和超四类海水	二类、三类海水

4.2.2　表层水平分布

在 4 月，表层 PHC 含量的等值线（图4-3）展示以海泊河的入海口水域为中心，形成了一系列不同梯度的半个同心圆。PHC 含量从中心相对比较高含量（0.861mg/L）沿梯度下降，PHC 的含量值从湾东部的 0.861mg/L 降低到湾中心、湾口的 0.100mg/L，这说明在胶州湾水体中沿着海泊河的河流方向，PHC 含量在不断地递减。

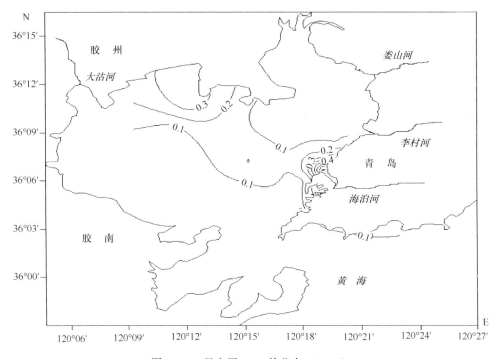

图4-3　4 月表层 PHC 的分布（mg/L）

8 月，D1 站位是海泊河的入海口水域，C1 站位是李村河的入海口水域，在 D1 和 C1 站位，PHC 的含量较高，分别为 0.889mg/L 和 0.373mg/L。于是，在海

泊河和李村河的入海口水域及其它们之间的近岸水域，形成了 PHC 的高含量区。分别以 D1 和 C1 站位为中心，形成了一系列不同梯度的长条梯田形状，PHC 含量由近岸水域到湾中心沿梯度降低（图 4-4）。这样，沿着海泊河和李村河的河流方向，在胶州湾水体中 PHC 的值在递减，一直减到小于 0.100mg/L。到湾中心，甚至减到小于 0.050mg/L。同样，在大沽河的入海口水域 B3 站位，PHC 的含量较高，含量为 0.491mg/L。以 B3 站位为中心，形成了一系列不同梯度的半个同心圆。于是，沿着大沽河的河流方向，在胶州湾水体中 PHC 的值在递减，一直减到小于 0.100mg/L。到湾中心，甚至减到小于 0.050mg/L。

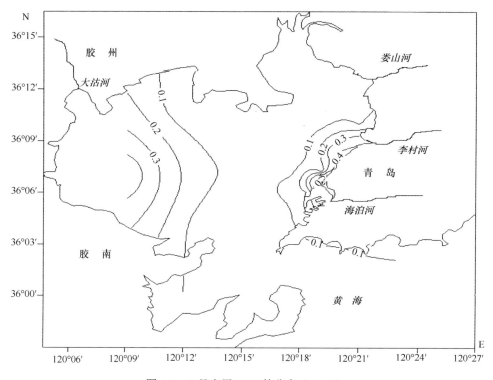

图 4-4　8 月表层 PHC 的分布（mg/L）

11 月，由 H40、H39 和 H38 站位组成东北部的近岸水域，这也是海泊河、李村河和娄山河的入海口水域及其它们之间的近岸水域，形成了 PHC 的高含量区。其中 H40 站位是娄山河的入海口水域，H39 站位是娄山河和李村河入海口之间的近岸水域，H38 站位是李村河和海泊河入海口之间的近岸水域，PHC 的含量较高，分别为 0.176mg/L、0.079mg/L 和 0.103mg/L。这样，以站位 H40 为中心，形成了一系列不同梯度的半个同心圆。PHC 的含量大小由东北向西南方向递减，从湾东北部的 0.176mg/L 降低到湾口的 0.056mg/L，也一直降低到湾西北的 0.018mg/L。由于湾的东北部含量比较高，整个胶州湾水域都受到影响，含量比较高（图 4-5）。

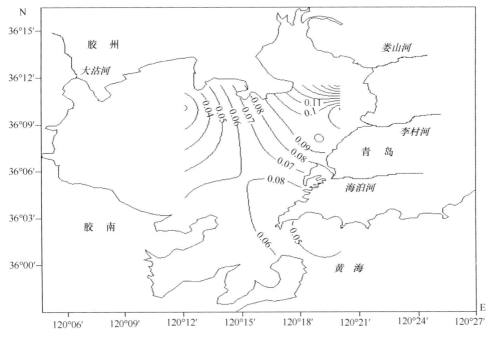

图 4-5　11 月表层 PHC 的分布（mg/L）

4.2.3　底层水平分布

在胶州湾的河口水域进行了底层 PHC 含量的调查，4 月和 8 月的站位有 A1、A2、A3、A4、A5、A6、A7、A8、B5 和 D5。11 月的站位有 H34、H35、H36、H37。

在胶州湾的湾口水域，4 月，沿梯度其含量由湾内向湾外递减，其含量从 0.123mg/L 减少到 0.031mg/L（图 4-6）；8 月，沿梯度其含量由湾内向湾外递减，其含量从 0.056mg/L 减少到 0.037mg/L（图 4-7）；11 月，沿梯度其含量由湾内向湾外递增，其含量从 0.038mg/L 增加到 0.100mg/L（图 4-8）。

4.3　结　　论

在胶州湾水体中，PHC 的含量在一年中都达到了二类、三类、四类和超四类海水水质标准。4 月和 8 月，在整个湾内的水域达到了二类、三类、四类和超四

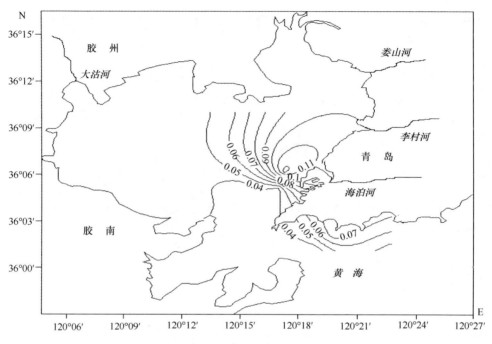

图 4-6 4 月底层 PHC 的分布（mg/L）

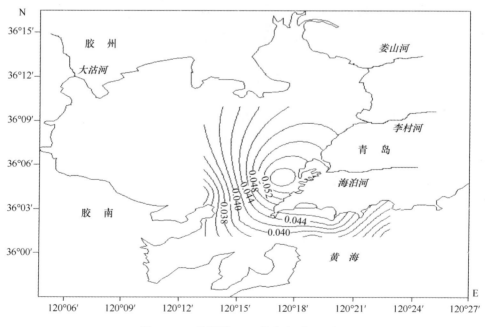

图 4-7 8 月底层 PHC 的分布（mg/L）

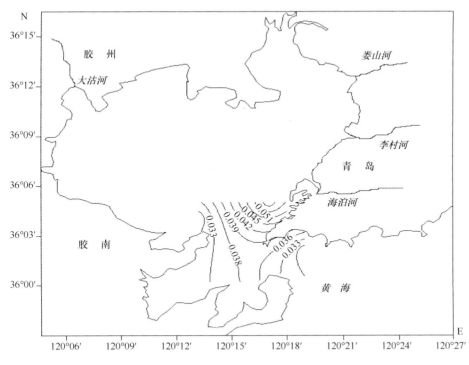

图 4-8　11 月底层 PHC 的分布（mg/L）

类海水；而在 11 月，在整个湾内的水域只有二类、三类海水。通过 PHC 的水平
分布，展示了在整个胶州湾的近岸水域，PHC 的含量比较高，而在湾口、湾中心
和湾外的水域，PHC 的含量比较低，这表明 PHC 的含量来源于近岸的河流输送，
在水体中通过扩散和稀释，PHC 的含量在不断地下降。而且，还表明胶州湾东部
和东北部的海泊河、李村河和娄山河，还有北部的大沽河，都是胶州湾 PHC 污染
的主要来源。

胶州湾水域中的 PHC 含量主要来源于河流的输送，这是由于工业废水和生活
污水的排放。因此，加强对工业废水和生活污水的处理，减少含有 PHC 的污染物
排放，就会使河流、海湾减少 PHC 的污染。

参 考 文 献

[1]　肖祖骐. 起步中的中国海洋石油开发. 油气田地面工程, 1987, 6(4): 50-52.
[2]　Levy E M. Oil Pollution in the World's Ocean. Ambio, 1984, 13(4): 226-235.
[3]　Yang D F, Zhang Y C, Zou J, et al. Contents and distribution of petroleum hydrocarbons (PHC) in Jiaozhou Bay waters. Open Journal of Marine Science, 2011, 2(3): 108-112.
[4]　杨东方, 孙培艳, 陈晨, 等. 胶州湾水域石油烃的分布及污染源. 海岸工程, 2013, 32(1): 60-72.
[5]　国家海洋局. 海洋监测规范 (HY003.4-91). 北京: 海洋出版社, 1991: 205-282.

第5章 胶州湾水域石油的河流输送

在全球经济迅速发展的情况下，世界范围内的石油供求在不断增长，石油成为现代社会的主要能源。这样，石油给陆地河流、海洋等环境造成了严重的污染[1, 2]。因此，了解近海的石油烃（PHC）污染程度和污染源，可对保护海洋环境、维持生态可持续发展提供重要帮助。

在胶州湾水域，对 PHC 的含量、形态、分布及其污染现状和发展趋势都进行过研究[3, 4]。本章通过 1981 年胶州湾 PHC 的调查资料，探讨在胶州湾海域，PHC 的来源、分布以及迁移过程，研究胶州湾水域 PHC 的含量现状、污染源和陆地迁移过程，为 PHC 污染环境的治理和修复提供理论依据。

5.1 背　　景

5.1.1　胶州湾自然环境

胶州湾是一个半封闭的深入内陆的天然海湾，地理位置为东经 120°04′～120°23′，北纬 35°58′～36°18′，位于山东半岛南岸西部，为青岛市所包围，面积约为 446km²，平均水深约 7m。湾东部和东北部沿岸是青岛市的工业密集区域。胶州湾有洋河、大沽河等主要河流注入水流。在胶州湾的东部，有海泊河、李村河和娄山河，这三条河常年无自然径流，上游常年干涸，随着青岛市经济的迅速发展，中游、下游已成为市区工业废水和生活污水的排污沟渠。带有工业及生活废水，汇入海区，给胶州湾带来大量的污染物。对胶州湾的环境影响比较大。

5.1.2　材料与方法

本研究所使用的 1981 年 4 月、8 月和 11 月胶州湾水体石油烃的调查资料由国家海洋局北海监测中心提供。以 4 月调查的数据代表春季，以 8 月调查的数据代表夏季，以 11 月调查的数据代表秋季。在胶州湾水域，4 月，有 31 个站位取水样：H34、A1、A2、A3、A4、A5、A6、A7、A8、B1、B2、B3、B4、B5、C1、C2、C3、C4、C5、C6、C7、C8、D1、D2、D3、D4、D5、D6、D7、D8、D9、

8 月，有 37 个站位取水样：A1、A2、A3、A4、A5、A6、A7、A8、B1、B3、B4、B5、C1、C2、C3、C4、C5、C6、C7、C8、D1、D2、D3、D4、D5、D6、D7、D8、D9、H34、H35、H36、H37、H38、H39、H40 和 H41；11 月，有 8 个站位取水样：H34、H35、H36、H37、H38、H39、H40 和 H41（图 5-1、图 5-2）。根据水深取水样（>10m 时取表层和底层，<10m 时只取表层），测定水样中油类含量的方法与《海洋监测规范》（1991 年）规定的方法是一致的[5]。

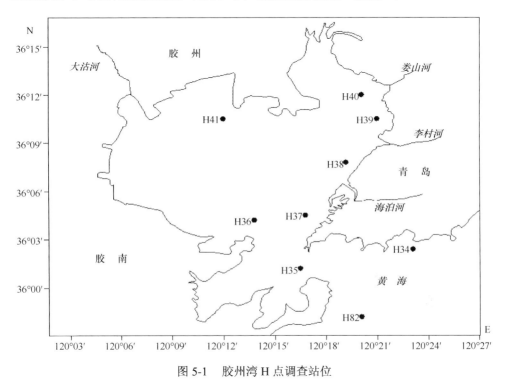

图 5-1　胶州湾 H 点调查站位

5.2　石油的输送过程

5.2.1　水　　质

4 月、8 月和 11 月，在胶州湾内，整个表层水域 PHC 的含量范围为 0.011～0.889mg/L，达到了国家二类、三类、四类和超四类海水水质标准。4 月和 8 月，大部分的水域 PHC 在胶州湾表层水体中的含量超过了国家二类海水水质标准，达到了国家三类、四类和超四类海水水质标准。11 月，与 4 月和 8 月相比，大部分水域 PHC 达到了国家一类、二类海水水质标准，而且，只有很少的水域 PHC 达到了国家三类海水水质标准。因此，4 月，胶州湾受到 PHC 的污染，到了 8 月，胶州湾受到了 PHC 的大量污染，到了 11 月，PHC 的污染减轻了许多。

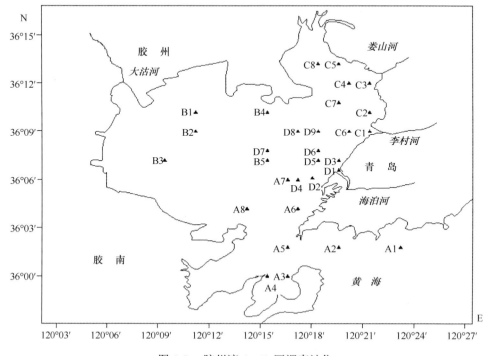

图 5-2　胶州湾 A～D 区调查站位

5.2.2　污　染　源

4 月，在海泊河的入海口以及近岸水域，形成了 PHC 的高含量区，而且沿着入海口水域的河流方向，形成了一系列的梯度，PHC 含量从中心高含量沿梯度降低。8 月，在海泊河和李村河的入海口以及它们之间的近岸水域，形成了 PHC 的高含量区，而且沿着入海口水域的河流方向，形成了一系列的梯度，PHC 含量从中心高含量沿梯度降低。同样，在大沽河的入海口以及近岸水域，形成了 PHC 的高含量区，而且沿着入海口水域的河流方向，形成了一系列的梯度，PHC 含量从中心高含量沿梯度降低。11 月，在娄山河的入海口及近岸水域，形成了 PHC 的高含量区，而且沿着入海口水域的河流方向，形成了一系列的梯度，PHC 含量由近岸水域到湾中心沿梯度降低。

因此，在空间尺度上，海泊河、李村河和娄山河都为胶州湾水域提供了大量的高含量 PHC，使得在海泊河、李村河和娄山河的入海口以及它们之间的近岸水域，形成了 PHC 的高含量区，PHC 含量从中心高含量沿梯度降低。另外，在时间尺度上，4 月、8 月以及 11 月，分别由海泊河、海泊河和李村河以及娄山河为胶州湾水域提供了大量的高含量 PHC，使得整个湾内的水域中，PHC 的含量比较高。而在胶州湾的其他水域，PHC 的含量比较低。这表明胶州湾东部和东北部的海泊河、李村河和娄山河，都是胶州湾 PHC 含量的主要来源。在河流输送的 PHC 含量上，海泊河和李村河输送的 PHC 量比较大，而娄山河输送的 PHC 量比较小。

5.2.3　陆地迁移过程

胶州湾东部和东北部沿岸是青岛市的工业密集区域和生活居住区，工业废水和生活污水排放比较多。在胶州湾东部和东北部沿岸有三条河：海泊河、李村河和娄山河，这三条河基本上承担着工业废水及生活污水向胶州湾排污的功能，给胶州湾带来大量的具有 PHC 的污染物[3, 4]。在胶州湾的北部有大沽河，也给胶州湾带来了具有 PHC 的污染物。因此，胶州湾水域的 PHC 含量是由胶州湾周边河流输送的，胶州湾周边河流主要有东部的海泊河、李村河和东北部的娄山河以及北部的大沽河，给胶州湾提供了大量的高含量 PHC。并且海泊河、李村河向胶州湾水域输送的 PHC 含量比较大（0.889mg/L），大沽河向胶州湾水域输送的 PHC 含量为 0.491mg/L，而娄山河向胶州湾水域输送的 PHC 含量比较小（0.176mg/L）。

5.2.4　河　流　输　送

在胶州湾水体中，PHC 表层含量在 4 月、8 月和 11 月的变化完全依赖于河流对 PHC 的大量输送，这与胶州湾的入湾河流输送六六六（HCH）的结果是一致的[6-9]。

在胶州湾水体中，PHC 含量变化是由河流的输送来决定的。将河流输送 PHC 含量的强度分为三个阶段。第一阶段，出现了 PHC 的高含量区。4 月，海泊河刚刚开始为胶州湾水域提供大量的高含量 PHC，使得海泊河的入海口水域及其近岸水域，形成了 PHC 的高含量区（0.861mg/L）。而在李村河和娄山河的入海口水域以及它们之间的近岸水域都没有形成 PHC 的高含量区。并且在胶州湾的其他大部分水域：湾中心、湾口和湾外，PHC 的含量比较低（0.100mg/L）（图 5-3）。第二阶段，PHC 的高含量区进一步扩展。8 月，湾的东部有相邻的海泊河和李村河，在这两个河流的入海口之间的近岸水域，形成了 PHC 的高含量区（0.889mg/L）。以及湾的北部有大沽河，在这个河流入海口的近岸水域，形成了 PHC 的高含量区（0.491mg/L）。而在胶州湾的其他部分水域：湾中心、湾口和湾外，PHC 的含量比较低（0.100mg/L）（图 5-4）。第三阶段，PHC 的高含量区在收缩。10 月，娄山

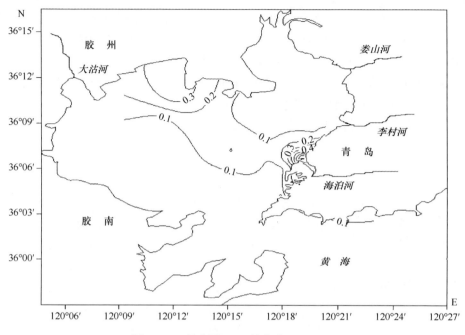

图 5-3　4 月表层 PHC 的分布（mg/L）

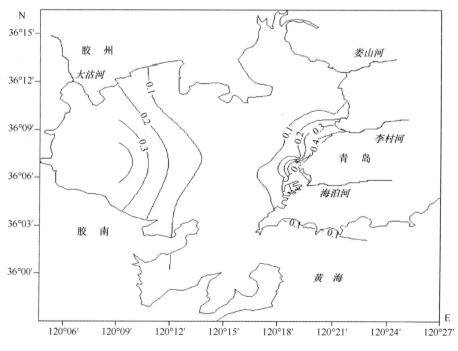

图 5-4　8 月表层 PHC 的分布（mg/L）

河为胶州湾水域提供少量的含量 PHC，使得海泊河、李村河和娄山河的入海口水域及它们之间的近岸水域，形成了 PHC 的高含量区（0.176mg/L），导致了在胶州湾的其他大部分水域：湾中心、湾口和湾外，PHC 的含量比较低（0.100mg/L）（图 5-5）。这三个阶段展示了河流输送 PHC 含量的强度变化过程。河流输送 PHC 含量强度变化展示了在胶州湾的水域内 PHC 的表层、底层含量的变化。

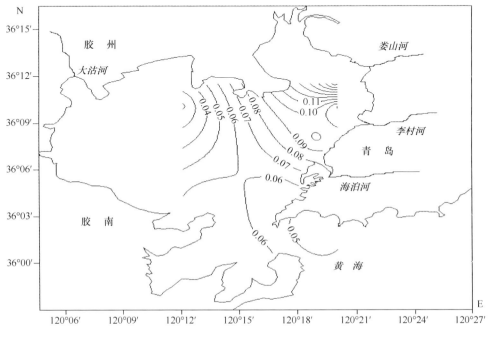

图 5-5　11 月表层 PHC 的分布（mg/L）

5.3　结　　论

通过 PHC 的陆地迁移过程，展示了胶州湾水域的 PHC 含量是由胶州湾周边河流输送的，胶州湾周边河流主要有东部和东北部的海泊河、李村河和娄山河，还有北的大沽河，给胶州湾提供了大量的高含量 PHC，这其中娄山河与其他三条河流相比，提供含量 PHC 相对比较少。这样，从湾的东部、东北部和北部近岸水域到湾的其他水域包括湾中心、湾口和湾外都展示了 PHC 的含量从大到小的下降趋势。

在胶州湾水体中，PHC 表层含量在 4 月、8 月和 11 月的变化完全依赖于河流对 PHC 的大量输送。作者将河流输送的强度分为三个阶段。第一阶段，出现了 PHC 的高含量区。第二阶段，PHC 的高含量区进一步扩展。第三阶段，PHC 的高含量区已经开始收缩了。这三个阶段展示了河流输送 PHC 含量的强度变化过程。河流输送 PHC 含量强度变化展示了在胶州湾的水域内 PHC 的表层、底层含量的变化。

　　胶州湾水域中的 PHC 含量主要来源于河流的输送，这主要是由于工业废水和生活污水的排放。

参 考 文 献

[1]　肖祖骐. 起步中的中国海洋石油开发. 油气田地面工程, 1987, 6(4): 50-52.

[2]　Levy E M. Oil Pollution in the World's Ocean. Ambio, 1984, 13(4): 226-235.

[3]　Yang D F, Zhang Y C, Zou Jie, et al. Contents and distribution of petroleum hydrocarbons (PHC) in Jiaozhou Bay waters. Open Journal of Marine Science, 2011, 2(3): 108-112.

[4]　杨东方, 孙培艳, 陈晨, 等. 胶州湾水域石油烃的分布及污染源. 海岸工程, 2013, 32(1): 60- 72.

[5]　国家海洋局. 海洋监测规范(HY003.4-91). 北京: 海洋出版社, 1991: 205-282.

[6]　杨东方, 高振会, 曹海荣, 等. 胶州湾水域有机农药六六六分布及迁移. 海岸工程, 2008, 27(2): 65-71.

[7]　杨东方, 高振会, 孙培艳, 等. 胶州湾水域有机农药六六六春、夏季的含量及分布. 海岸工程, 2009, 28(2): 69-77.

[8]　杨东方, 曹海荣, 高振会, 等. 胶州湾水体重金属 Hg Ⅰ. 分布和迁移. 海洋环境科学, 2008, 27(1): 37-39.

[9]　杨东方, 王磊磊, 高振会, 等. 胶州湾水体重金属 Hg Ⅱ. 分布和污染源. 海洋环境科学, 2009, 28(5): 501-505.

第6章 胶州湾底层水域的石油迁移规则

石油（PHC）是工业的血液，在国民经济的发展中具有不可替代的作用。石油消费的大量增长与中国经济的发展形成了强烈的依存。人类活动产生的大量石油在陆地表面和河流输送下，引起了海洋水质的变化[1~5]，大量高浓度的石油就会在水体中迁移到底部。本章通过1981年胶州湾石油（PHC）的调查资料，研究胶州湾的湾口底层水域，确定PHC的含量、分布及迁移过程，展示了胶州湾底层水域PHC的含量现状和分布特征及变化法则，为PHC在底层水域的存在及迁移的研究提供科学依据。

6.1 背 景

6.1.1 胶州湾自然环境

胶州湾位于山东半岛南部，其地理位置为东经 120°04′～120°23′，北纬 35°58′～36°18′，以团岛与薛家岛连线为界，与黄海相通，面积约为 446km²，平均水深约 7m，是一个典型的半封闭型海湾。胶州湾入海的河流有十几条，其中径流量和含沙量较大的为大沽河和洋河，以及海泊河、李村河和娄山河等河流，这些河流均属季节性河流，河水水文特征有明显的季节性变化[6,7]。

6.1.2 材料与方法

本研究所使用的1981年4月、8月和11月胶州湾水体PHC的调查资料由国家海洋局北海监测中心提供。在胶州湾底层水域，PHC含量的调查站位：4月和8月的站位有A1、A2、A3、A4、A5、A6、A7、A8、B5和D5。11月的站位有H34、H35、H36、H37（图6-1、图6-2）。分别于1981年4月、8月和11月四次进行取样，根据水深取水样（＞10m时取表层和底层，＜10m时只取表层）。按照国家标准方法进行胶州湾水体PHC的调查，该方法被收录在国家的《海洋监测规范》中（1991年）[8]。

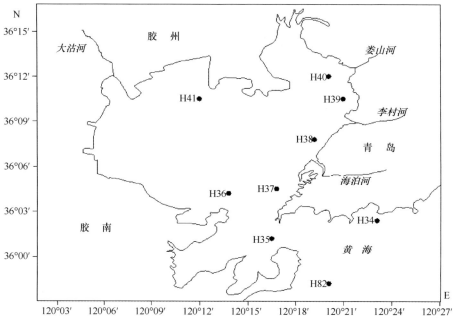

图 6-1 胶州湾 H 点调查站位

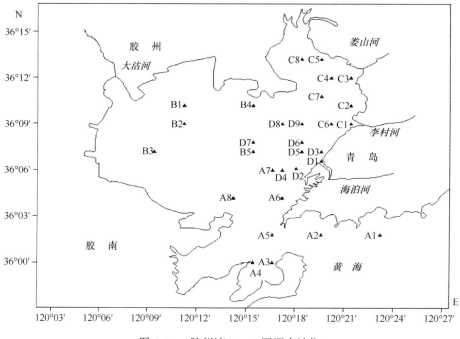

图 6-2 胶州湾 A~D 区调查站位

6.2　石油的底层分布

6.2.1　含　量　大　小

4 月，在胶州湾水体中，PHC 的含量范围为 0.031～0.123mg/L。在湾内的中心水域站位 D5 和 B5 以及湾外水域的站位 A2，PHC 的含量超过了 0.05mg/L，符合国家三类海水水质标准（0.30mg/L）。湾内、湾外的其他水域，PHC 的含量符合国家一类、二类海水水质标准（0.05mg/L）。

8 月，在胶州湾水体中，PHC 的含量范围为 0.028～0.056mg/L。水体中 PHC 的含量明显减少，只有湾口的内侧水域 A6 站位，PHC 的含量为 0.056mg/L，符合国家三类海水水质标准（0.30mg/L）。湾内、湾外的其他水域，PHC 的含量符合国家一类、二类海水水质标准（0.05mg/L）。

11 月，在胶州湾水体中，PHC 的含量范围为 0.038～0.100mg/L。水体中 PHC 的含量明显增加，湾口和湾口的外侧水域，整个水域都达到了国家三类海水水质标准（0.30mg/L）。而湾口的内侧水域，整个水域都符合国家一类、二类海水水质标准（0.05mg/L）（表 6-1）。

表 6-1　4 月、8 月和 11 月的胶州湾底层水质

时间	4 月	8 月	11 月
海水中 PHC 含量/（mg/L）	0.031～0.123	0.028～0.056	0.038～0.100
国家海水标准	二类、三类海水	二类、三类海水	二类、三类海水

因此，4 月、8 月和 11 月，PHC 在胶州湾水体中的底层 PHC 含量范围为 0.028～0.123mg/L，符合国家一类、二类和三类海水水质标准。这表明在 PHC 含量方面，4 月、8 月和 11 月，在胶州湾的湾口底层水域，水质受到 PHC 的轻度污染（表 6-1）。

6.2.2　水　平　分　布

4 月、8 月和 11 月，在胶州湾的湾口底层水域，从湾口内侧到湾口，再到湾口外侧，在胶州湾的湾口底层水域的这些站位：4 月和 8 月的站位有 A1、A2、A3、A4、A5、A6、A7、A8、B5 和 D5，11 月的站位有 H34、H35、H36、H37。那么 PHC 含量在底层的水平分布如下。

4 月，在胶州湾的湾口底层水域，从湾内中心到湾口外侧，在胶州湾的湾内中心水域站位 D5，PHC 的含量较高（0.123mg/L），以湾内中心水域为中心形成了 PHC 的高含量区，形成了一系列不同梯度的半圆。PHC 含量从湾内中心的高含量

（0.123mg/L）到湾口水域沿梯度递减为 0.031mg/L（图 6-3）。

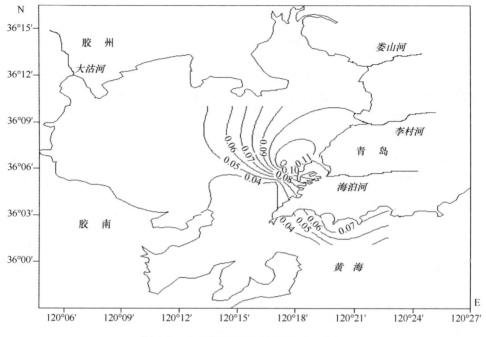

图 6-3 4 月底层 PHC 的分布（mg/L）

8 月，在胶州湾的湾口底层水域，从湾口内侧到湾口外侧，在湾口的内侧水域 A6 站位，PHC 的含量较高（0.056mg/L），以湾口内侧水域为中心形成了 PHC 的高含量区，形成了一系列不同梯度的半圆。PHC 含量从湾口内侧的高含量（0.056mg/L）到湾口外侧水域沿梯度递减为 0.028mg/L（图 6-4）。

11 月，在胶州湾的湾口底层水域，从湾口外侧的东部到湾口内侧，在胶州湾湾口外侧的东部水域 H34 站位，PHC 的含量较高（0.100mg/L），以湾口外侧东部水域为中心形成了 PHC 的高含量区，形成了一系列不同梯度的平行线。PHC 含量从湾口外侧东部水域的高含量（0.100mg/L）到湾口内侧沿梯度递减为 0.038mg/L（图 6-5）。

因此，4 月和 8 月，从湾口内侧到湾口外侧，沿梯度 PHC 含量由湾内向湾外递减，而 11 月，从湾口外侧到湾口内侧，沿梯度 PHC 含量由湾外向湾内递减。

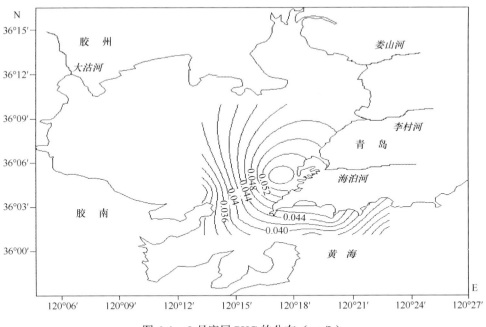

图 6-4　8 月底层 PHC 的分布（mg/L）

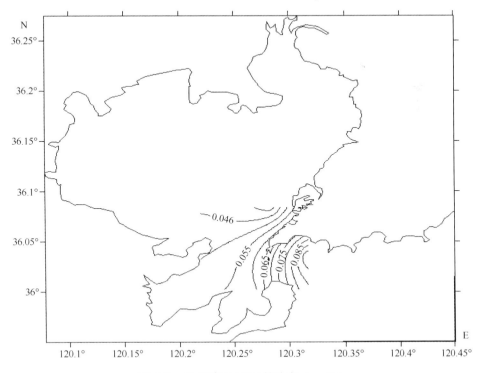

图 6-5　11 月底层 PHC 的分布（mg/L）

6.3 石油迁移的规则

6.3.1 水　　质

在胶州湾水域，PHC 含量是来自地表径流的输送和河流的输送。PHC 先来到水域的表层，然后，PHC 从表层穿过水体，来到底层。PHC 经过了垂直水体的效应作用[9]，呈现了 PHC 含量在胶州湾的湾口底层水域变化范围为 0.028～0.123mg/L，这符合国家二类、三类海水水质标准。这展示了在 PHC 含量方面，在胶州湾的湾口底层水域，水质受到 PHC 的轻度污染。

6.3.2 迁　移　过　程

在胶州湾的表层水域，湾内海水经过湾口与外海水交换，从湾内到湾外的物质浓度在不断地降低，同样，从湾外到湾内的物质浓度也在不断地降低[10]。

在胶州湾的湾口底层水域，4 月和 8 月，从湾口内侧到湾口外侧，PHC 含量从湾内水域到湾外水域沿梯度递减。这展示了：PHC 的高含量来自湾内，向湾外扩散，浓度在不断地降低。

在胶州湾的湾口底层水域，11 月，从湾口外侧到湾口内侧，PHC 含量从湾外水域到湾内水域沿梯度递减。这展示了：PHC 的高含量来自湾外，向湾内扩散，浓度在不断地降低。

这样，作者认为，在胶州湾的底层水域，①PHC 的高含量既可以来自湾内，也可来自湾外；②PHC 的高含量既可从湾内向湾外扩散，又可从湾外向湾内扩散。这展示了在垂直水体的效应作用下，PHC 在水体中的迁移过程，表明了 PHC 的迁移轨迹。

6.4 结　　论

4 月、8 月和 11 月，在胶州湾的湾口底层水域，PHC 含量的变化范围为 0.028～0.123mg/L，符合国家二类、三类海水水质标准。这表明已经受到轻微的 PHC 污染。因此，PHC 经过了垂直水体的效应作用，在 PHC 含量方面，在胶州湾的湾口底层水域，水质受到 PHC 的轻度污染。

在胶州湾的湾口底层水域，4 月和 8 月，从湾口内侧到湾口外侧，PHC 含量从湾内水域到湾外水域沿梯度递减。而 11 月，从湾口外侧到湾口内侧，PHC 含量从湾外水域到湾内水域沿梯度递减。作者提出了湾口底层水域的物质含量迁移规则：经过了垂直水体的效应作用，物质含量既可来自湾内，也可来自湾外。而且，无论从湾内到湾外还是从湾外到湾内，物质含量都要经过湾口扩散。这揭示了 PHC 在水体中的迁移过程。

参 考 文 献

[1] Yang D F, Zhang Y C, Zou J, et al. Contents and distribution of petroleum hydrocarbons (PHC) in Jiaozhou Bay waters. Open Journal of Marine Science, 2011, 2(3): 108-112.

[2] 杨东方, 孙培艳, 陈晨, 等. 胶州湾水域石油烃的分布及污染源. 海岸工程, 2013, 32(1): 60- 72.

[3] Yang D F, Sun P Y, Ju L, et al. Input features of petroleum hydrocarbon in Jiaozhou Bay. Proceedings of the 2015 international symposium on computers and informatics. 2015: 2647-2654.

[4] Yang D F, Wang F Y, Zhu S X, et al. Distribution and homogeneity of petroleum hydrocarbon in Jiaozhou Bay. Proceedings of the 2015 international symposium on computers and informatics. 2015: 2661-2666.

[5] Yang D F, Wu Y F, He H Z, et al. Vertical distribution of petroleum hydrocarbon in Jiaozhou Bay. Proceedings of the 2015 international symposium on computers and informatics. 2015: 2647-2654.

[6] Yang D F, Chen Y, Gao Z H, et al. Silicon limitation on primary production and its destiny in Jiaozhou Bay, China Ⅳ transect offshore the coast with estuaries. Chin J Oceanol Limnol. 2005, 23(1): 72-90.

[7] 杨东方, 王凡, 高振会, 等. 胶州湾浮游藻类生态现象. 海洋科学, 2004, 28(6): 71-74.

[8] 国家海洋局. 海洋监测规范. 北京: 海洋出版社, 1991.

[9] Yang D F, Wang F Y, He H Z, et al. Vertical water body effect of benzene hexachloride. Proceedings of the 2015 international symposium on computers and informatics. 2015: 2655-2660.

[10] 杨东方, 苗振清, 徐焕志, 等. 胶州湾海水交换的时间. 海洋环境科学, 2013, 32(3): 373-380.

第7章 胶州湾水域石油的沉降

随着我国工农业经济的迅速发展,石油成为我国现代社会的主要能源。随着我国海洋石油使用的不断增加和广泛,使大量的石油进入海洋[1, 2],对海洋环境造成了严重的污染。因此,了解近海的石油(PHC),对保护海洋环境、维持生态可持续发展有着重要的意义。

在胶州湾水域,PHC 的含量、形态、分布及其污染现状和发展趋势都进行过研究[3, 4]。本文通过 1981 年胶州湾 PHC 的调查资料,探讨在胶州湾海域,PHC的来源、分布以及水域迁移过程,研究胶州湾水域 PHC 的垂直分布和季节变化,为 PHC 污染环境的治理和修复提供理论依据。

7.1 背　　景

7.1.1 胶州湾自然环境

胶州湾是一个半封闭的深入内陆的天然海湾,地理位置为东经 120°04′~120°23′,北纬 35°58′~36°18′,位于山东半岛南岸西部,为青岛市所包围,面积 446km²,平均水深约 7m。湾东部和东北部沿岸是青岛市的工业密集区域。胶州湾洋河、大沽河等主要河流注入水流。在胶州湾的东部,有海泊河、李村河和娄山河,这三条河常年无自然径流,上游常年干涸,随着青岛市经济的迅速发展,中游、下游已成为市区工业废水和生活污水的排污沟渠。带有工业及生活废水,汇入海区,给胶州湾带来大量的污染物,对胶州湾的环境影响比较大。

7.1.2 材料与方法

本研究所使用的 1981 年 4 月、8 月和 11 月胶州湾水体石油烃的调查资料由国家海洋局北海监测中心提供。以 4 月调查的数据代表春季,以 8 月调查的数据代表夏季,以 11 月调查的数据代表秋季。在胶州湾水域,4 月,有 31 个站位取水样:H34、A1、A2、A3、A4、A5、A6、A7、A8、B1、B2、B3、B4、B5、C1、C2、C3、C4、C5、C6、C7、C8、D1、D2、D3、D4、D5、D6、D7、D8、D9,8 月,有 37 个站位取水样:A1、A2、A3、A4、A5、A6、A7、A8、B1、B3、B4、B5、C1、C2、C3、C4、C5、C6、C7、C8、D1、D2、D3、D4、D5、D6、D7、

D8、D9、H34、H35、H36、H37、 H38、H39、H40 和 H41；11月，有 8 个站位取水样：H34、H35、H36、H37、H38、H39、H40 和 H41（图 7-1、图 7-2）。根

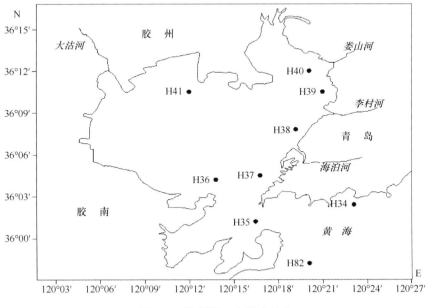

图 7-1　胶州湾 H 点调查站位

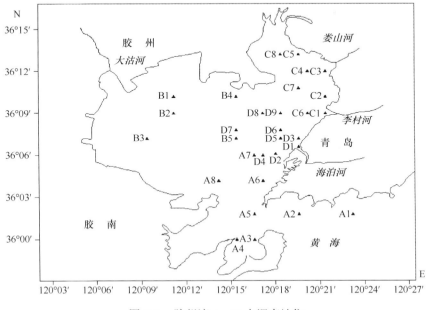

图 7-2　胶州湾 A～D 点调查站位

据水深取水样（＞10m 时取表层和底层，＜10m 时只取表层），测定水样中油类含量的方法与《海洋监测规范》（1991 年）规定的方法是一致的[5]。

7.2 石油的分布

7.2.1 垂直分布

4 月、8 月和 11 月，在 A1、A2、A3、A5、A6、A7、A8、B5、D5、H34、H35、H36 和 H37 站位，有 PHC 的表层、底层含量调查。

4 月，在胶州湾的湾口水域，从湾内到湾口，在表层，PHC 含量沿梯度降低，其含量从 0.166mg/L 迅速减少到 0.040mg/L。在底层，PHC 含量沿梯度降低，其含量从 0.123mg/L 迅速减少到 0.031mg/L。这表明表层、底层的水平分布趋势是一致的。

8 月，在胶州湾的湾口水域，从湾内到湾口，在表层，PHC 含量沿梯度降低，其含量从 0.056mg/L 减少到 0.0118mg/L。在底层，PHC 含量沿梯度降低，其含量从 0.056mg/L 减少到 0.037mg/L。这表明表层、底层的水平分布趋势是一致的。

11 月，在胶州湾的湾口水域，从湾内到湾口，在表层，PHC 含量沿梯度降低，其含量从 0.068mg/L 逐渐减少到 0.041mg/L。在底层，PHC 含量沿梯度上升，其含量从 0.038mg/L 增加到 0.100mg/L。这表明表层、底层的水平分布趋势是不一致的。

因此，在表层水体中，PHC 含量在 4 月、8 月比较高时，表层、底层的水平分布趋势是一致的。PHC 含量在 11 月比较低时，由于 PHC 不断地沉降，经过海底的累积，于是，表层、底层的水平分布趋势是不一致的。

4 月，在 B5 站位，PHC 的表层值大于底层值。在湾口 A1、A2、A3、A6、A7、A8、D5 和 H34 站位，PHC 的表层值小于底层值。A5 站位 PHC 的表层值等于底层值。将表层、底层含量在每个站位进行相减，其差值为负的有−0.043～0.114mg/L；正的只有 0.114mg/L。最大的负值为−0.043mg/L，在湾内河口的 D5 站位，差值为 0 的在湾口的 A5 站位，最大的正值 0.114mg/L 在湾内中心的 B5 站位。

8 月，在 A1、A8、H34 和 H36 站位，PHC 的表层值大于底层值。在 A2、A3、A5、A7、B5、H35 和 H37 站位，PHC 的表层值小于底层值。A6 和 H37 站位 PHC 的表层值等于底层值。将表层、底层含量在每个站位进行相减，其差值为负的有−0.0282～−0.009mg/L；正的有 0.012～0.021mg/L，还有两个站位的差值为 0mg/L。最大的负值−0.0282mg/L 在湾口的 A5 站位，最大的正值 0.021mg/L 在湾外的 A1 和 H34 站位。

11 月，在 H35、H36 和 H37 站位，PHC 的表层值大于底层值。在 H34 站位，

PHC 的表层值小于底层值。将表层、底层含量在每个站位进行相减，其差值为负的有 –0.059mg/L；正的有 0.006~0.021mg/L。最大的负值 –0.059mg/L 在 H34 站位，最小的正值 0.006mg/L 在 H35 站位，最大的正值 0.021mg/L 在 H36 站位。

因此，4 月，PHC 的表层值大于底层值的水域比较小，而 PHC 的表层值小于底层值的水域比较大。到了 8 月，PHC 的表层值大于底层值的水域就变得比较大，而 PHC 的表层值小于底层值的水域就变得比较小。到了 11 月，又与 4 月情况一样，PHC 的表层值大于底层值的水域比较小，而 PHC 的表层值小于底层值的水域比较大。4 月、8 月和 11 月，PHC 的表层、底层含量差值比较小，故 PHC 的表层、底层含量都相近。

7.2.2　季节变化

4 月、8 月和 11 月，4 月，PHC 在胶州湾表层水体中的含量比较低，其范围为 0.021~0.861mg/L；8 月，表层水体中 PHC 的含量明显增加，PHC 在胶州湾表层水体中的含量比较高，其范围为 0.011~0.889mg/L；11 月，PHC 在胶州湾表层水体中的含量明显下降，其范围为 0.018~0.176mg/L。因此，从 4 月 PHC 含量在增加，到 8 月 PHC 含量达到最高值，然后 PHC 含量开始下降，到 11 月达到最低值，而且 PHC 含量大于 1mg/L 的水域，从 4 月和 8 月都非常的大，几乎扩展到整个胶州湾的水域，然后到 11 月此水域开始减少，变得非常小。

7.3　石油的沉降

7.3.1　水域迁移过程

PHC 含量从河口经过胶州湾，迁移到湾外，展示了 PHC 的水域迁移过程。海泊河、李村河和娄山河的入海口在胶州湾的东部和东北部水域，为湾的东北部近岸水域提供了河流的输送，沿着河流的输送方向展示了 PHC 的含量形成了梯度的变化：从大到小呈下降趋势。

PHC 的水域迁移过程：PHC 进入表层海水，会受到海水的稀释，会被微生物分解。进一步，PHC 吸附在固体颗粒物上沉积，吸附与沉淀作用可使海洋中的 PHC 进入沉积物[6]。从春季 5 月开始，海洋生物大量繁殖，数量迅速增加，到夏季的 8 月，形成了高峰值[7]，由于浮游生物的繁殖活动，悬浮颗粒物表面形成胶体，此时的吸附力最强，吸附了大量的 PHC，大量的 PHC 随着悬浮颗粒物迅速沉降到海底。同时，微生物大量分解 PHC。这样，造成了 PHC 的表层含量迅速下降。

在空间尺度上，海泊河、李村河、娄山河和大沽河都为胶州湾水域提供了大量的高含量PHC，使得在海泊河、李村河和娄山河的入海口以及它们之间的近岸水域，形成了PHC的高含量区，PHC含量从中心高含量沿梯度降低。于是，从河流的入海口及其近岸水域，到湾中心、湾口和湾外，PHC的含量逐渐降低。这展示了河流对PHC的大量输送和表层PHC含量的迅速下降。另外，在时间尺度上，4月和8月，PHC在整个湾内水域的高含量，到11月，在胶州湾的其他大部分水域，PHC含量变得比较低了。这说明PHC表层含量的迅速下降。在垂直分布上，PHC的表层、底层含量都相近，水体的垂直断面分布均匀。这充分揭示了PHC表层含量迅速下降的过程及结果。

因此，在时空变化的尺度上，PHC含量在水体中的变化都证实了PHC的水域迁移过程。

7.4 结 论

在表层水体中，PHC含量在4月、8月比较高时，表层、底层的水平分布趋势是一致的。PHC含量在11月比较低时，由于PHC不断地沉降，经过海底的累积，于是，表层、底层的水平分布趋势是不一致的。

4月，PHC的表层值大于底层值的水域比较小，而PHC的表层值小于底层值的水域比较大。到了8月，PHC的表层值大于底层值的水域就变得比较大，而PHC的表层值小于底层值的水域就变得比较小。到了11月，又与4月的情况一样，PHC的表层值大于底层值的水域比较小，而PHC的表层值小于底层值的水域比较大。4月、8月和11月，PHC的表层、底层含量差值比较小，故PHC的表层、底层含量都相近。

从4月PHC含量在增加，到8月PHC含量达到最高值，然后PHC含量开始下降，到11月达到最低值，而且PHC含量大于1mg/L的水域，从4月和8月都非常大，几乎扩展到整个胶州湾的水域，然后到11月此水域开始减少，变得非常小。

在空间尺度上，海泊河、李村河、娄山河和大沽河都为胶州湾水域提供了大量的高含量PHC，从河流的入海口及其近岸水域，到湾中心、湾口和湾外，PHC的含量逐渐降低。在时间尺度上，4月和8月，PHC在整个湾内水域的高含量，到11月，在胶州湾的其他大部分水域，PHC含量变得比较低了。因此，在时空变化的尺度上，这些充分表明了PHC的水域迁移过程：微生物对PHC的大量分解和大量的PHC随着悬浮颗粒物迅速沉降到海底。而且，PHC的表层、底层含量都相近，水体的垂直断面分布均匀，展示了PHC表层含量的迅速下降。

胶州湾水域中的PHC含量主要来源于河流的输送，这是由于工业废水和生活污水的排放。因此，加强对工业废水和生活污水的处理，减少含有 PHC 的污染物排放，就会使河流、海湾减少 PHC 的污染。

参 考 文 献

[1]　肖祖骐. 起步中的中国海洋石油开发. 油气田地面工程, 1987, 6(4): 50-52.

[2]　Levy E M. Oil Pollution in the World's Ocean. Ambio, 1984, 13(4): 226-235.

[3]　Yang D F, Zhang Y C, Zou J, et al. Contents and distribution of petroleum hydrocarbons (PHC) in Jiaozhou Bay waters . Open Journal of Marine Science, 2011, 2(3): 108-112.

[4]　杨东方, 孙培艳, 陈晨, 等. 胶州湾水域石油烃的分布及污染源. 海岸工程, 2013, 32(1): 60-72.

[5]　国家海洋局. 海洋监测规范(HY003.4-91). 北京: 海洋出版社, 1991: 205-282.

[6]　尚龙生, 孙茜, 徐恒振, 等. 海洋石油污染与测定. 海洋环境科学, 1997, 16(1): 16-21.

[7]　杨东方, 王凡, 高振会, 等. 胶州湾浮游藻类生态现象.海洋科学, 2004, 28(6): 71-74.

第8章 胶州湾水域石油的分布及均匀性

海洋溢油是重要的环境污染问题之一。1991～1998 年，辽宁、河北和山东三省发生在船舶、海洋石油平台、海上输油管道等的溢油污染事故共计 71 起[1]，对海洋环境造成了严重的污染。因此，了解近海的石油烃（PHC）污染程度和污染源，对保护海洋环境、维持生态可持续发展有重要帮助。

在胶州湾水域，对 PHC 的含量、形态、分布及其污染现状和发展趋势都进行过研究[2,3]。本文通过 1982 年胶州湾 PHC 的调查资料，探讨在胶州湾海域，PHC 的来源、分布以及变化过程，研究胶州湾水域 PHC 的含量现状、分布特征和季节变化，为 PHC 污染环境的治理和修复提供理论依据。

8.1 背　　景

8.1.1　胶州湾自然环境

胶州湾地理位置为东经 120°04′～120°23′，北纬 35°58′～36°18′，在山东半岛南部，面积约为 446km^2，平均水深约 7m，是一个典型的半封闭型海湾。胶州湾入海的河流有大沽河和洋河，其径流量和含沙量较大，河水水文特征有明显的季节性变化[4]。还有海泊河、李村河、娄山河等小河流入胶州湾。

8.1.2　材料与方法

本研究所使用的 1982 年 4 月、6 月、7 月和 10 月胶州湾水体 PHC 的调查资料由国家海洋局北海监测中心提供。4 月、7 月和 10 月，在胶州湾水域设 5 个站位取水样：083、084、121、122、123；6 月，在胶州湾水域设 4 个站位取水样：H37、H39、H40、H41（图 8-1）。分别于 1982 年 4 月、6 月、7 月和 10 月 4 次进行取样，根据水深取水样（＞10m 时取表层和底层，＜10m 时只取表层）。按照国家标准方法进行胶州湾水体 PHC 的调查，该方法被收录在国家的《海洋监测规范》中（1991 年）[5]。

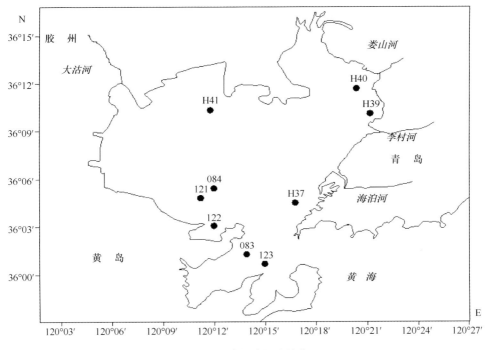

图 8-1　胶州湾调查站位

8.2　石油的分布

8.2.1　含量大小

4 月、7 月和 10 月，胶州湾西南沿岸水域 PHC 含量范围为 0.03～0.07mg/L。6 月，胶州湾东部和北部沿岸水域 PHC 含量范围为 0.05～0.10mg/L。4 月、6 月、7 月和 10 月，PHC 在胶州湾水体中的含量范围为 0.03～0.10mg/L，都没有超过国家三类海水水质标准。这表明 4 月、6 月、7 月和 10 月胶州湾表层水质，在整个水域符合国家二类、三类海水水质标准（0.30mg/L）（表 8-1）。

表8-1　4 月、6 月、7 月和 10 月的胶州湾表层水质

时间	4 月	6 月	7 月	10 月
海水中 PHC 含量/(mg/L)	0.05～0.07	0.05～0.10	0.04～0.07	0.03～0.04
国家海水标准	三类海水	三类海水	二类、三类海水	二类海水

8.2.2　水平分布

4 月、7 月和 10 月，在胶州湾水域设 5 个站位：083、084、121、122、123，

这些站位在胶州湾西南沿岸水域（图 8-1）。4 月，在西南沿岸水域 122 站位，PHC 含量相对较高，为 0.07mg/L，以站位 122 为中心形成了 PHC 的高含量区，形成了一系列不同梯度的半个同心圆。PHC 含量从中心的高含量（0.07mg/L）向湾中心水域沿梯度递减到 0.05mg/L（图 8-2）。7 月，在西南沿岸水域 121 站位，PHC 含量相对较高，为 0.07mg/L，以 121 站位为中心形成了 PHC 的高含量区，形成了一系列不同梯度的半个同心圆。PHC 含量从中心的高含量（0.07mg/L）向湾中心水域沿梯度递减到 0.04mg/L（图 8-3）。在 10 月，西南沿岸水域，PHC 含量相对较高，为 0.04mg/L，以西南沿岸水域为中心形成了 PHC 的高含量区，形成了一系列不同梯度的半个同心圆。PHC 含量从中心的高含量 0.04mg/L 向湾中心水域或者向湾口水域沿梯度递减到 0.03mg/L（图 8-4）。

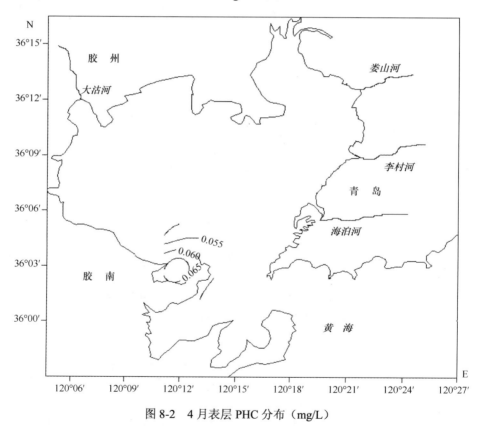

图 8-2　4 月表层 PHC 分布（mg/L）

6 月，在胶州湾水域设 4 个站位：H37、H39、H40、H41，这些站位在胶州湾东部和北部沿岸水域（图 8-1）。在娄山河的入海口水域 H40 站位，PHC 的含量达到最高（0.10mg/L）。表层 PHC 含量的等值线（图 8-5）展示以娄山河的入海

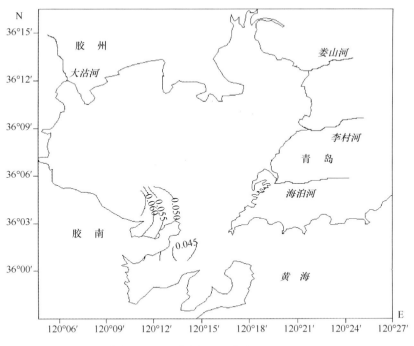

图 8-3　7 月表层 PHC 分布（mg/L）

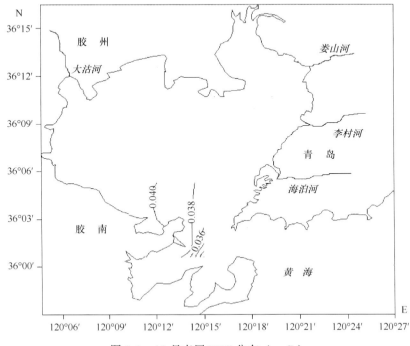

图 8-4　10 月表层 PHC 分布（mg/L）

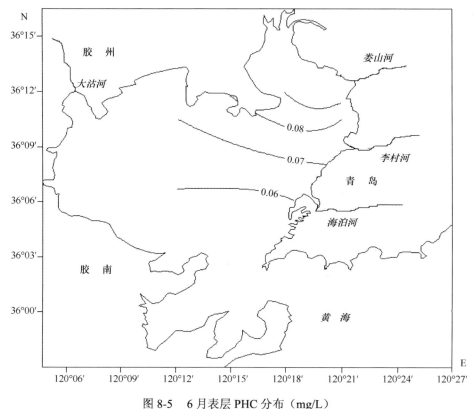

图 8-5　6 月表层 PHC 分布（mg/L）

口水域为中心，形成了一系列不同梯度的半个同心圆。PHC 含量从中心的高含量（0.10mg/L）沿梯度下降，PHC 的含量值从湾底东北部的 0.10mg/L 降低到湾西南湾口的 0.05mg/L，这说明在胶州湾水体中沿着娄山河的河流方向，PHC 含量在不断地递减（图 8-5）。

8.2.3　季 节 变 化

　　4 月，胶州湾西南沿岸水域 PHC 含量范围为 0.05～0.07mg/L，符合国家三类海水水质标准（0.30mg/L）。7 月，胶州湾西南沿岸水域 PHC 含量范围为 0.04～0.07mg/L，都符合国家二类（0.05mg/L）、三类（0.30mg/L）海水水质标准。10 月，胶州湾西南沿岸水域 PHC 含量范围为 0.03～0.04mg/L，都符合国家二类海水水质标准（0.05mg/L）。对此，PHC 含量的季节变化形成了春季、夏季、秋季的一个下降曲线。

8.3　石油的均匀性

8.3.1　水　　质

4 月、7 月和 10 月，胶州湾西南沿岸水域 PHC 含量范围为 0.03～0.07mg/L，都符合国家二类、三类海水水质标准；6 月，胶州湾东部和北部沿岸水域 PHC 含量范围为 0.05～0.10mg/L，符合国家三类海水水质标准。因此，在 PHC 含量方面，4 月和 6 月，胶州湾西南沿岸水域受到了 PHC 的轻度污染。7 月，胶州湾东部和北部沿岸水域受到了 PHC 的轻度污染。而且，胶州湾西南沿岸水域比胶州湾东部和北部沿岸水域在 PHC 的污染程度方面相对要轻一些。10 月，胶州湾西南沿岸水域没有受到 PHC 的污染。这表明在胶州湾西南沿岸水域，随着时间变化：4 月、7 月和 10 月，PHC 含量在不断地减少。

8.3.2　来　　源

4 月、7 月和 10 月，胶州湾西南沿岸水域，形成了 PHC 的高含量区，并且形成了一系列不同梯度的半个同心圆，沿梯度向周围水域递减，如向湾中心或者向湾口等水域。这表明了 PHC 的来源是来自地表径流的输送。

6 月，在娄山河的入海口水域，PHC 的含量达到最高（0.10mg/L）。在胶州湾水体中，沿着娄山河的河流方向，PHC 含量在不断地递减，降低到湾口的 0.05mg/L。这表明在胶州湾水域，PHC 的来源是来自陆地河流的输送。

因此，胶州湾水域 PHC 的污染源是面污染源，主要来自地表径流的输送、陆地河流的输送。

8.3.3　均　　匀　　性

在潮汐的作用下，PHC 含量在水体中不断地被摇晃、搅动。于是，在胶州湾西南沿岸水域，4 月，PHC 含量变化范围为 0.02mg/L；7 月，PHC 含量变化范围为 0.03mg/L；10 月，PHC 含量变化范围为 0.01mg/L。因此，在一年中，PHC 含量变化范围为 0.01～0.03mg/L，PHC 含量在水体中的分布是均匀的。这揭示了在海洋中的潮汐、海流的作用下，使海洋具有均匀性的特征。正如杨东方指出：海洋的潮汐、海流对海洋中所有物质的含量都进行搅动、输送，使海洋中所有物质的含量在海洋水体中都非常均匀地分布[6]。因此，PHC 含量在水体中小于 0.07mg/L，就展示了物质在海洋中的均匀分布特征。

8.4 结 论

在胶州湾西南沿岸水域，PHC 含量符合国家二类、三类海水水质标准；在胶州湾东部和北部沿岸水域，PHC 含量符合国家三类海水水质标准。这表明胶州湾西南沿岸水域、胶州湾东部和北部沿岸水域都受到了 PHC 的轻度污染。在胶州湾西南沿岸水域，随着时间变化：4 月、7 月和 10 月，PHC 含量在不断地减少。

在胶州湾水域有两个来源。一个是近岸水域，来自地表径流的输入，其输入的 PHC 的含量为 0.03～0.07mg/L；另一个是河流的入海口水域，来自陆地河流的输入，其输入的 PHC 的含量为 0.05～0.10mg/L。

在胶州湾西南沿岸水域，在一年中，PHC 含量在水体中小于 0.07mg/L，PHC 含量变化范围为 0.01～0.03mg/L。这样，PHC 含量在水体中的分布是均匀的，这展示了物质在海洋中的均匀分布特征。

参 考 文 献

[1] 郭敏智，王乃和. 海底管道溢油防控措施. 油气储运, 2008, 27(7): 34-39.

[2] Yang D F, Zhang Y C, Zou J, et al. Contents and distribution of petroleum hydrocarbons (PHC) in Jiaozhou Bay waters. Open Journal of Marine Science, 2011, 2(3): 108-112.

[3] 杨东方，孙培艳，陈晨，等. 胶州湾水域石油烃的分布及污染源. 海岸工程, 2013, 32(1): 60-72.

[4] Yang D F, Chen Y, Gao Z H, et al. Silicon limitation on primary production and its destiny in Jiaozhou Bay, China IV Transect offshore the coast with estuaries. Chin J Oceanol Limnol, 2005, 23(1): 72-90.

[5] 国家海洋局. 海洋监测规范(HY003.4-91). 北京: 海洋出版社, 1991: 205-282.

[6] 杨东方，丁咨汝，郑琳，等. 胶州湾水域有机农药六六六的分布及均匀性. 海岸工程, 2011, 30(2): 66-74.

第9章 胶州湾水域石油的分布及低值性

近年来，我国开始在海洋的近岸建立许多石油化工厂和油船码头，同时，在海洋中有许多海洋石油平台、海上输油管道，而且有许多有关石油的交通运输，对海洋环境造成了严重的污染。因此，了解近海的石油（PHC）污染程度和污染源，对保护海洋环境、维持生态可持续发展有重要帮助。在胶州湾水域，对 PHC 的含量、分布及其污染现状和发展趋势都进行过研究[1~6]。本章通过 1983 年胶州湾 PHC 的调查资料，探讨在胶州湾海域，PHC 的来源、分布以及变化过程，研究胶州湾水域 PHC 的含量现状、分布特征和季节变化，为 PHC 污染环境的治理和修复提供理论依据。

9.1 背　　景

9.1.1 胶州湾自然环境

胶州湾地理位置为东经 120°04′～120°23′，北纬 35°58′～36°18′，在山东半岛南部，面积约为 446km²，平均水深约 7m，是一个典型的半封闭型海湾。胶州湾入海的河流有大沽河和洋河，其径流量和含沙量较大，河水水文特征有明显的季节性变化[7]。还有海泊河、李村河、娄山河等小河流入胶州湾。

9.1.2 材料与方法

本研究所使用的 1983 年 5 月、9 月和 10 月胶州湾水体 PHC 的调查资料由国家海洋局北海监测中心提供。5 月、9 月和 10 月，在胶州湾水域设 9 个站位取水样：H34、H35、H36、H37、H38、H39、H40、H41、H82（图 9-1）。分别于 1983 年 5 月、9 月和 10 月 3 次进行取样，根据水深取水样（＞10m 时取表层和底层，＜10m 时只取表层），进行调查采样。按照国家标准方法进行胶州湾水体 PHC 的调查，该方法被收录在国家的《海洋监测规范》中（1991 年）[8]。

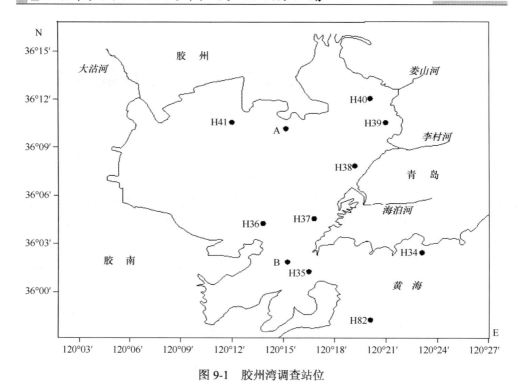

图 9-1　胶州湾调查站位

9.2　石油的分布

9.2.1　含量大小

　　5月、9月和10月，胶州湾北部沿岸水域PHC含量比较高，南部湾口水域PHC含量比较低。5月、9月和10月，PHC在胶州湾水体中的含量范围为0.03～0.12mg/L，都没有超过国家三类海水水质标准（0.30mg/L）。这表明在5月、9月和10月胶州湾表层水质，在整个水域符合国家二类（0.05mg/L）、三类（0.30mg/L）海水水质标准（表9-1）。

表9-1　5月、9月和10月的胶州湾表层水质

时间	5月	9月	10月
海水中PHC含量/（mg/L）	0.04～0.12	0.03～0.08	0.04～0.12
国家海水标准	二类、三类海水	二类、三类海水	二类、三类海水

9.2.2　水平分布

　　5月、9月和10月，在胶州湾水域，水体中表层PHC的水平分布状况是其含

量大小由北部的近岸向南部的湾口方向递减。5 月，在胶州湾东北部，在娄山河的入海口水域 H40 站位，PHC 的含量达到最高（0.12mg/L）。在胶州湾西北部沿岸水域 H41 站位，PHC 的含量达到较高（0.11mg/L）（图 9-2）。表层 PHC 含量的等值线（图 9-2）几乎平行于北部的海岸线，并且形成了一系列不同梯度的平行线。从北部近岸水域的 0.12mg/L 降低到南部湾口水域的 0.04mg/L（图 9-2）。9 月，在胶州湾东北部，在娄山河的入海口水域 H40 站位，PHC 的含量达到较高（0.07mg/L）。在东北部沿岸水域，PHC 含量相对较高，为 0.07mg/L，以东北部沿岸水域为中心形成了 PHC 的高含量区，形成了一系列不同梯度的半个同心圆。PHC 含量从中心的高含量（0.07mg/L）向湾中心水域沿梯度递减到 0.05mg/L（图 9-3）；在西南沿岸水域 H36 站位，PHC 含量相对较高，为 0.08mg/L，以站位 H36 为中心形成了 PHC 的高含量区，形成了一系列不同梯度的半个同心圆。PHC 含量从中心的高含量 0.08mg/L 向湾中心水域沿梯度递减到 0.05mg/L（图 9-3）；在湾口有一个低值区域，形成了一系列不同梯度的低值中心，由外部到中心降低，在外部的 PHC 含量为 0.08mg/L，中心的 PHC 含量为 0.03mg/L（图 9-3）。

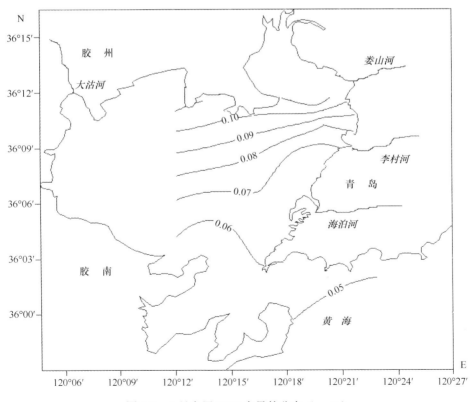

图 9-2 5 月表层 PHC 含量的分布（mg/L）

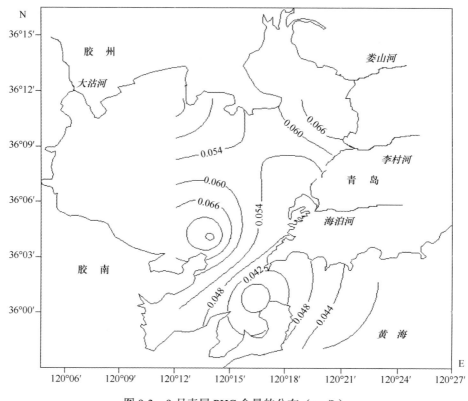

图 9-3　9 月表层 PHC 含量的分布（mg/L）

　　10 月，在胶州湾东北部，在娄山河和李村河的入海口之间的近岸水域 H39 站位，PHC 的含量达到较高，为 0.12mg/L，以东北部近岸水域为中心形成了 PHC 的高含量区，形成了一系列不同梯度的半个同心圆。PHC 含量从中心的高含量（0.12mg/L）沿梯度递减到湾口水域的 0.04mg/L，甚至到了湾外水域的 0.04mg/L（图 9-4）。

9.2.3　季节变化

　　5 月，胶州湾水域 PHC 含量范围为 0.04～0.12mg/L，符合国家二类（0.05mg/L）、三类（0.30mg/L）海水水质标准。9 月，胶州湾水域 PHC 含量范围为 0.03～0.08mg/L，都符合国家二类、三类海水水质标准。10 月，胶州湾水域 PHC 含量范围为 0.04～0.12mg/L，都符合国家二类、三类海水水质标准。对此，PHC 含量的季节变化都保持在国家二类、三类海水水质标准，形成了在春季、夏季、秋季的二类、三类海水的小变化范围。

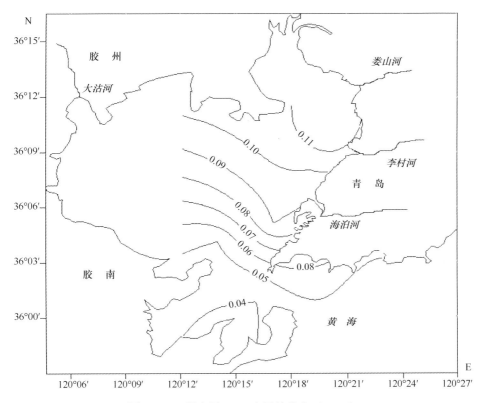

图 9-4 10 月表层 PHC 含量的分布（mg/L）

9.3 石油的低值性

9.3.1 水 质

在 PHC 含量方面，5 月，胶州湾东北部和西北部水域都受到了 PHC 的轻度污染。9 月，胶州湾西南沿岸水域和胶州湾东北部沿岸水域受到了 PHC 的轻度污染。而且，胶州湾西南沿岸水域比胶州湾东北部沿岸水域在 PHC 的污染程度方面相对要重一些。10 月，胶州湾东北部沿岸水域受到 PHC 的轻度污染。这表明在时间上，在胶州湾水域，5 月、9 月和 10 月，PHC 含量一直保持不变。在空间上，5 月、9 月和 10 月，PHC 含量在胶州湾北部沿岸水域比较高，在南部湾口水域比较低。

5 月、9 月和 10 月，胶州湾水域 PHC 含量范围为 0.03～0.12mg/L，都符合国家二类、三类海水水质标准。胶州湾整体水域 PHC 含量都达到了二类、三类海水水质标准。这表明胶州湾水域从春季到秋季，PHC 受到轻度污染。

9.3.2　来　　源

5 月，在胶州湾水域，水体中表层 PHC 含量的等值线（图 9-2）几乎平行于北部的海岸线，并且形成了一系列不同梯度的平行线，表层 PHC 的含量由北部的近岸向南部的湾口方向递减。可见，陆地上残留的 PHC 通过地表径流方式汇入近岸水域。而且，PHC 的含量达到最高（0.12mg/L），这表明陆地上残留的 PHC 含量已经受到了轻度污染，并且给胶州湾带来了轻度污染。

9 月，在胶州湾东北部，娄山河的入海口水域，PHC 含量相对较高，为 0.07mg/L，以东北部沿岸水域为中心形成了 PHC 的高含量区，从中心的高含量（0.07mg/L）向湾中心水域沿梯度递减到 0.05mg/L。这表明在胶州湾水域，PHC 的来源是来自陆地河流的输送。在西南沿岸水域，PHC 含量相对较高，为 0.08mg/L，从中心的高含量（0.08mg/L）向湾中心水域沿梯度递减到 0.05mg/L。这表明在胶州湾水域，PHC 来自地表径流的输送。

10 月，在胶州湾东北部，在娄山河和李村河的入海口之间的近岸水域，PHC 的含量达到最高，为 0.12mg/L。在胶州湾水体中，沿着娄山河的河流方向，PHC 含量在不断地递减，降低到湾口的 0.04mg/L，甚至到了湾外水域的 0.04mg/L。这表明在胶州湾水域，PHC 来自陆地河流的输送。

因此，胶州湾水域 PHC 的污染源主要来自地表径流的输送、陆地河流的输送。这表明 PHC 的污染源不仅是点污染源，而且也是面污染源。在胶州湾的沿岸陆地上和河流中都已经受到了 PHC 的轻度污染，并且给胶州湾带来了轻度污染。

9.3.3　均　　匀　　性

在潮汐的作用下，PHC 含量在水体中不断地被摇晃、搅动。于是，在胶州湾水域，5 月，PHC 含量变化范围为 0.08mg/L；9 月，PHC 含量变化范围为 0.05mg/L；10 月，PHC 含量变化范围为 0.08mg/L。在胶州湾的水域中（图 9-1），5 月，从 A 点到 B 点，PHC 含量从北部近岸水域的 0.12mg/L 降低到南部湾口水域的 0.04mg/L，充分展示了在整个胶州湾的水体中，PHC 含量的变化过程。因此，在一年中，PHC 含量变化范围为 0.05～0.08mg/L，PHC 含量在水体中的分布是均匀的。这揭示了在海洋中的潮汐、海流的作用下，使海洋具有均匀性的特征。正如杨东方指出：海洋的潮汐、海流对海洋中所有物质的含量都进行搅动、输送，使海洋中所有物质的含量在海洋的水体中都非常均匀地分布[9]。因此，PHC 含量在水体中小于 0.12mg/L，就展示了物质在海洋中的均匀分布特征。

9.3.4　低　值　区

在海湾水交换研究方法中，不仅在保守性物质情况下，确定海湾水交换时间。而且在非保守性物质情况下，也能够确定海湾水交换时间的范围[10]。在海湾，这些物质从湾底到湾中心，到湾口，经过了对流输运和稀释扩散等物理过程，经过湾口与外海水交换，物质的浓度不断降低，展示了海湾水交换的能力。

9 月，PHC 含量在湾口有一个低值区域，形成了一系列不同梯度的低值中心，由外部的 0.08mg/L 沿梯度降低到中心的 0.03mg/L（图 9-3）。同样的结果，1983 年的 5 月和 1985 年的 10 月，在湾口表层和底层都形成了一个 Hg 含量的低值区域[11]。这表明了在胶州湾的湾口水域，海流在经过湾口时流速很快，这导致了经过湾口的物质浓度降低，呈现了物质的低值区域，揭示了水流的低值性。

9.4　结　　论

在胶州湾水域，5 月、9 月和 10 月，PHC 含量符合国家二类、三类海水水质标准，在胶州湾水域都受到了 PHC 的轻度污染。在胶州湾水域 PHC 的含量有两个来源：一个是近岸水域，来自地表径流的输入，其输入的 PHC 的含量为 0.04～0.12mg/L；另一个是河流的入海口水域，来自陆地河流的输入，其输入的 PHC 的含量为 0.03～0.08mg/L。这表明 PHC 的污染源不仅是点污染源，而且也是面污染源。在胶州湾的沿岸陆地上和河流中都已经受到了 PHC 轻度污染，并且给胶州湾带来了轻度污染。

胶州湾水域，在一年中，PHC 含量在水体中小于 0.12mg/L，PHC 含量变化范围为 0.05～0.08mg/L。这样，PHC 含量在水体中的分布是均匀的，这展示了物质在海洋中的均匀分布特征。另外，PHC 含量在湾口有一个低值区域，这揭示了在胶州湾的湾口水域，水流的低值性。

参 考 文 献

[1] Yang D F, Zhang Y C, Zou J, et al. Contents and distribution of petroleum hydrocarbons (PHC) in Jiaozhou Bay waters. Open Journal of Marine Science, 2011, 2(3): 108-112.

[2] 杨东方, 孙培艳, 陈晨, 等. 胶州湾水域石油烃的分布及污染源. 海岸工程, 2013, 32(1): 60-72.

[3] Yang D F, Sun P Y, Ju L, et al. Distribution and changing of petroleum hydrocarbon in Jiaozhou Bay waters. Applied Mechanics and Materials, 2014, 644-650: 5312-5315.

[4] Yang D F, Wu Y F, He H Z, et al. Vertical distribution of Petroleum Hydrocarbon in Jiaozhou Bay. Proceedings of the 2015 international symposium on computers and informatics. 2015: 2647-2654.

[5] Yang D F, Wang F Y, Zhu S X, et al. Distribution and homogeneity of petroleum hydrocarbon in Jiaozhou Bay. Proceedings of the 2015 international symposium on computers and informatics. 2015: 2661-2666.

[6] Yang D F, Sun P Y, Ju L, et al. Input features of petroleum hydrocarbon in Jiaozhou Bay. Proceedings of the 2015 international symposium on computers and informatics. 2015: 2647-2654.

[7] Yang D F, Chen Y, Gao Z H, et al. Silicon limitation on primary production and its destiny in Jiaozhou Bay, China Ⅳ transect offshore the coast with estuaries. Chin J Oceanol Limnol, 2005, 23(1): 72-90.

[8] 国家海洋局. 海洋监测规范(HY003.4-91). 北京: 海洋出版社, 1991: 205-282.

[9] 杨东方, 丁咨汝, 郑琳, 等. 胶州湾水域有机农药六六六的分布及均匀性. 海岸工程, 2011, 30(2): 66-74.

[10] 杨东方, 苗振清, 徐焕志, 等. 胶州湾海水交换的时间. 海洋环境科学, 2013, 32(3): 373-380.

[11] Yang D F, Zhu S X, Wang F Y, et al. Influence of ocean current on Hg content in the bay mouth of Jiaozhou Bay. 2014 IEEE workshop on advanced research and technology industry applications. Part D, 2014: 1012-1014.

第 10 章　输送给胶州湾的石油来源只有河流

工农业的迅速发展，导致许多含有石油（PHC）的产品不断地涌现，在制造和运输产品的过程中，产生了大量的含 PHC 的废水，随着河流的携带，PHC 向大海迁移[1~5]，在这个过程中严重威胁人类健康。研究近海的 PHC 污染程度和污染源[1~5]，对保护海洋环境、维持生态可持续发展有重要帮助。本章根据 1984 年的调查资料，对胶州湾水体中 PHC 的含量大小、水平分布以及来源进行分析，研究了胶州湾水体中 PHC 的水质、来源和量，为胶州湾水域 PHC 的来源和污染程度进行综合分析提供科学背景数据，并为环境的控制和改善提供理论依据。

10.1　背　　景

10.1.1　胶州湾自然环境

胶州湾位于山东半岛南部，其地理位置为东经 120°04′~120°23′，北纬 35°58′~36°18′，以团岛与薛家岛连线为界，与黄海相通，面积约为 446km^2，平均水深约 7m，是一个典型的半封闭型海湾。胶州湾入海的河流有十几条，其中径流量和含沙量较大的为大沽河和洋河，青岛市区的海泊河、李村河和娄山河等河流，这些河流均属季节性河流，河水水文特征有明显的季节性变化[6, 7]。

10.1.2　材料与方法

本研究所使用的 1984 年 7 月、8 月和 10 月胶州湾水体 PHC 的调查资料由国家海洋局北海监测中心提供。7 月、8 月和 10 月，在胶州湾水域设 5 个站位取表层、底层水样：H34、H35、H36、H37、H82（图 10-1）。分别于 1984 年 7 月、8 月和 10 月三次进行取样，根据水深取水样（＞10m 时取表层和底层，＜ 10m 时只取表层），进行调查采样。按照国家标准方法进行胶州湾水体 PHC 的调查，该方法被收录在国家的《海洋监测规范》中（1991 年）[8]。

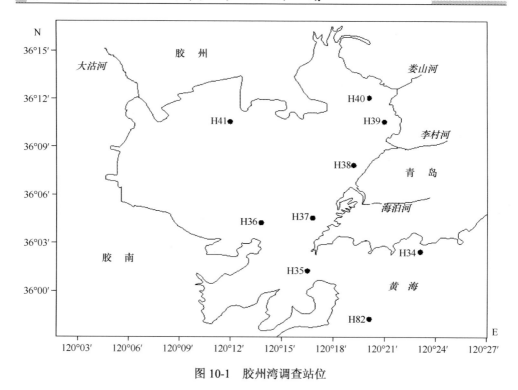

图 10-1　胶州湾调查站位

10.2　石油的分布

10.2.1　含 量 大 小

7 月、8 月和 10 月，胶州湾东北部沿岸水域 PHC 含量比较高，南部沿岸水域 PHC 含量比较低。7 月，胶州湾水域 PHC 含量范围为 0.05～0.06mg/L，已经超过国家一类、二类海水水质标准（0.05mg/L），符合国家三类海水水质标准（0.30mg/L）。8 月，胶州湾水域 PHC 含量范围为 0.09～0.16mg/L，符合国家三类海水水质标准（0.30mg/L）。10 月，胶州湾水域 PHC 含量范围为 0.01～0.05mg/L，符合国家一类、二类海水水质标准（0.05mg/L）。

7 月、8 月和 10 月，PHC 在胶州湾水体中的含量范围为 0.01～0.16mg/L，都符合国家一类、二类海水水质标准（0.05mg/L）和三类海水水质标准（0.30mg/L）。这表明在 PHC 含量方面，7 月、8 月和 10 月，在胶州湾整个水域，水质受到 PHC 的轻度污染（表 10-1）。

表 10-1　7 月、8 月和 10 月的胶州湾表层水质

时间	7 月	8 月	10 月
海水中 PHC 含量/（mg/L）	0.05～0.06	0.09～0.16	0.01～0.05
国家海水标准	三类海水	三类海水	一类、二类海水

10.2.2　水　平　分　布

7 月，在胶州湾东部，在海泊河入海口的近岸水域 2034 站位，PHC 的含量达到较高，为 0.05mg/L，以东部近岸水域为中心形成了 PHC 的高含量区，从湾的北部到南部形成了一系列不同梯度的半个同心圆。PHC 含量从中心的高含量（0.06mg/L）沿梯度递减到湾南部湾口水域的 0.05mg/L，甚至到湾外水域的 0.05mg/L（图 10-2）。

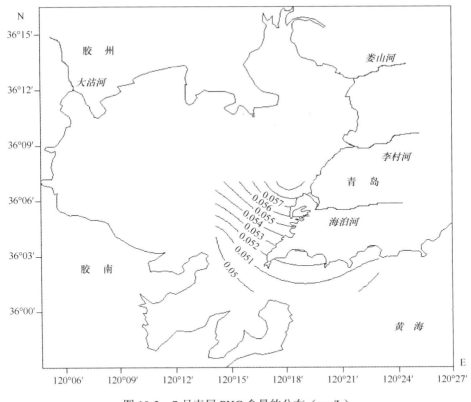

图 10-2　7 月表层 PHC 含量的分布（mg/L）

8 月，在胶州湾东北部，在娄山河的入海口近岸水域 2047 站位，PHC 的含量达到较高，为 0.16mg/L，以东北部近岸水域为中心形成了 PHC 的高含量区，形

成了一系列不同梯度的半个同心圆。PHC 含量从中心的高含量（0.16mg/L）沿梯度递减到李村河入海口近岸水域的 0.09mg/L。

10 月，在胶州湾东北部，在娄山河的入海口近岸水域 2047 站位，PHC 的含量达到较高，为 0.05mg/L，以东北部近岸水域为中心形成了 PHC 的高含量区，形成了一系列不同梯度的半个同心圆。PHC 含量从中心的高含量（0.05mg/L）沿梯度递减到湾南部湾口水域的 0.01mg/L，甚至到湾外水域的 0.01mg/L（图 10-3）。

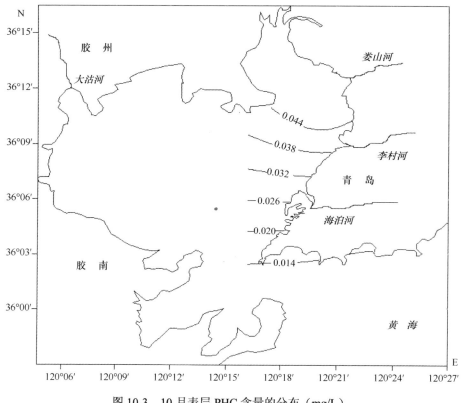

图 10-3　10 月表层 PHC 含量的分布（mg/L）

10.3　石油的唯一来源

10.3.1　水　　质

7 月、8 月和 10 月，PHC 在胶州湾水体中的含量范围为 0.01～0.16mg/L，都符合国家一类、二类海水水质标准（0.05mg/L）和三类海水水质标准（0.30mg/L）。

这表明在 PHC 含量方面, 7 月、8 月和 10 月, 在胶州湾水域, 水质受到 PHC 的轻度污染。

7 月, PHC 在胶州湾水体中的含量范围为 0.05~0.06mg/L, 胶州湾水域受到 PHC 的轻度污染。在胶州湾, 以海泊河入海口的近岸水域为界限水域。从此界限水域到湾东北部沿岸水域, 在 PHC 含量方面, 达到了三类海水水质标准, 水质受到了 PHC 的轻度污染。从此界限水域到湾南部沿岸水域一直到湾口水域, 甚至到湾外水域, 此水域的水质, 在 PHC 含量方面, 达到了一类、二类海水水质标准, 水质没有受到 PHC 的污染。

8 月, PHC 在胶州湾水体中的含量范围为 0.09~0.16mg/L, 胶州湾水域受到 PHC 的轻度污染。在胶州湾, 从娄山河的入海口近岸水域到李村河的入海口近岸水域, PHC 的含量变化范围为 0.09~0.16mg/L, 这表明湾内水质, 在 PHC 含量方面, 达到了三类海水水质标准, 水质受到了 PHC 的轻度污染。

10 月, PHC 在胶州湾水体中的含量范围为 0.01~0.05mg/L, 胶州湾水域没有受到 PHC 的污染。在胶州湾, 从娄山河的入海口近岸水域一直到湾口水域, 甚至到湾外水域, PHC 的含量变化范围为 0.01~0.05mg/L, 这表明在整个胶州湾的湾内及湾外水质, 在 PHC 含量方面, 达到了一类、二类海水水质标准, 水质没有受到 PHC 的污染。

因此, 7 月、8 月和 10 月, 胶州湾东北部沿岸水域 PHC 含量比较高, 南部沿岸水域 PHC 含量比较低。7 月, 从湾东北部沿岸水域到海泊河入海口的近岸水域, 水质受到了 PHC 的轻度污染。从海泊河入海口的近岸水域到湾外水域, 水质没有受到 PHC 的污染。8 月, 从娄山河的入海口近岸水域到李村河的入海口近岸水域, PHC 含量比较高, 水质受到了 PHC 的轻度污染。10 月, 在整个胶州湾水域, 胶州湾水域没有受到 PHC 的污染。

10.3.2　来　　源

7 月, 在胶州湾东部的水体中, 在海泊河的入海口近岸水域, 形成了 PHC 的高含量区, 这表明了 PHC 的来源是河流的输送, 其 PHC 含量为 0.06mg/L。而且输送的较高含量是保持不变的, 使得湾南部的湾口水域和湾外水域都保持了较高含量 (0.05mg/L)。

8 月, 在胶州湾东北部的水体中, 在娄山河的入海口近岸水域, 形成了 PHC 的高含量区, 这表明了 PHC 的来源是河流的输送, 其 PHC 含量为 0.16mg/L。而且输送的含量非常高。

10 月，在胶州湾东北部的水体中，在娄山河的入海口近岸水域，形成了 PHC 的较高含量区，这表明了 PHC 的来源是河流的较高含量输送，其 PHC 含量为 0.05mg/L。而且输送的较高含量在减少，使得湾南部的湾口水域和湾外水域都降低了许多（0.01mg/L）。

胶州湾水域 PHC 只有一个来源，就是来自河流的输送。来自海泊河河流输送的 PHC 含量为 0.06mg/L，来自娄山河河流输送的 PHC 含量为 0.05～0.16mg/L。因此，娄山河河流的输送，给胶州湾输送的 PHC 含量都超过国家一类、二类海水水质标准（0.05mg/L），符合国家三类海水水质标准（0.30mg/L）；海泊河河流的输送，给胶州湾输送的 PHC 含量都超过国家一类、二类海水水质标准（0.05mg/L），符合国家三类海水水质标准（0.30mg/L）。这表明河流受到 PHC 含量的轻度污染（表 10-2）。

表 10-2　胶州湾不同河流来源的 PHC 含量

不同河流来源	海泊河河流的输送	娄山河河流的输送
PHC 含量/（mg/L）	0.06	0.05～0.16

10.4　结　　论

7 月、8 月和 10 月，PHC 在胶州湾水体中的含量范围为 0.01～0.16mg/L，都符合国家一类、二类海水水质标准（0.05mg/L）和三类海水水质标准（0.30mg/L）。这表明在 PHC 含量方面，7 月、8 月和 10 月，在胶州湾水域，水质受到 PHC 的轻度污染。

胶州湾水域 PHC 只有一个来源，来自河流的输送。来自海泊河河流输送的 PHC 含量为 0.06mg/L，来自娄山河河流输送的 PHC 含量为 0.05～0.16mg/L。这表明河流受到 PHC 含量的轻度污染。

由此认为，在胶州湾的周围陆地上，受到 PHC 的污染，导致河流受到轻度污染。因此，人类需要减少对 PHC 含量的排放，以此减少 PHC 含量对河流和海洋的污染。

参 考 文 献

[1] Yang D F, Zhang Y C, Zou J, et al. Contents and distribution of petroleum hydrocarbons (PHC) in Jiaozhou Bay waters. Open Journal of Marine Science, 2011, 2(3): 108-112.
[2] 杨东方, 孙培艳, 陈晨, 等. 胶州湾水域石油烃的分布及污染源. 海岸工程, 2013, 32(1): 60-72.
[3] Yang D F, Sun P Y, Ju L, et al. Input features of petroleum hydrocarbon in Jiaozhou Bay. Proceedings of the 2015 international symposium on computers and informatics. 2015: 2647-2654.
[4] Yang D F, Wang F Y, Zhu S X, et al. Distribution and homogeneity of petroleum hydrocarbon in Jiaozhou Bay.

Proceedings of the 2015 international symposium on computers and informatics. 2015: 2661-2666.

[5] Yang D F, Wu Y F, He H Z, et al. Vertical distribution of Petroleum Hydrocarbon in Jiaozhou Bay. Proceedings of the 2015 international symposium on computers and informatics. 2015: 2647-2654.

[6] Yang D F, Chen Y, Gao Z H, et al. Silicon limitation on primary production and its destiny in Jiaozhou Bay, China Ⅳ transect offshore the coast with estuaries. Chin J Oceanol Limnol, 2005, 23(1): 72-90.

[7] 杨东方, 王凡, 高振会, 等. 胶州湾浮游藻类生态现象. 海洋科学, 2004, 28(6): 71-74.

[8] 国家海洋局. 海洋监测规范. 北京: 海洋出版社, 1991.

第 11 章　胶州湾水域石油含量的年份变化

自从 1979 年我国开始改革开放，工农业迅速发展，许多含有石油（PHC）的产品也不断地涌现，在制造和运输产品的过程中，产生了大量的含 PHC 的废水，随着河流的携带，PHC 向大海迁移[1~6]，在这个过程中严重威胁人类健康。因此，研究近海的 PHC 污染程度和水质状况[1~6]，对保护海洋环境、维持生态可持续发展提供重要帮助。本文根据 1979~1983 年胶州湾的调查资料，研究在这 5 年期间 PHC 在胶州湾海域的含量变化，为治理 PHC 污染的环境提供理论依据。

11.1　背　　景

11.1.1　胶州湾自然环境

胶州湾位于山东半岛南部，其地理位置为东经 120°04′~120°23′，北纬 35°58′~36°18′，以团岛与薛家岛连线为界，与黄海相通，面积约为 446km²，平均水深约 7m，是一个典型的半封闭型海湾（图 11-1）。胶州湾入海的河流有十几条，其中径流量和含沙量较大的为大沽河和洋河，青岛市区的海泊河、李村河和娄山河等河流，这些河流均属季节性河流，河水水文特征有明显的季节性变化[7, 8]。

11.1.2　数据来源与方法

本研究所使用的调查数据由国家海洋局北海监测中心提供。胶州湾水体 PHC 的调查[1~6]按照国家标准方法进行，该方法被收录在国家的《海洋监测规范》中（1991 年）[9]。

1979 年 5 月和 8 月；1980 年 6 月、7 月、9 月和 10 月；1981 年 4 月、8 月和 11 月；1982 年 4 月、6 月、7 月和 10 月；1983 年 5 月、9 月和 10 月，进行胶州湾水体 PHC 的调查[1~6]。其站位如图 11-2~图 11-6 所示。

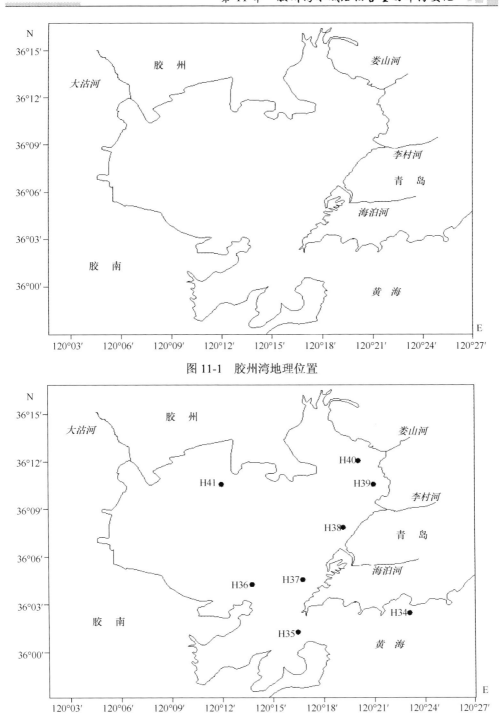

图 11-1　胶州湾地理位置

图 11-2　1979 年胶州湾调查站位

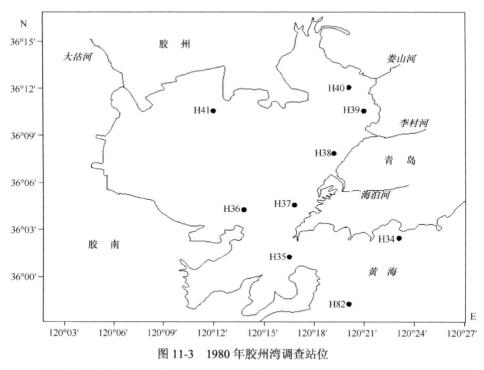

图 11-3　1980 年胶州湾调查站位

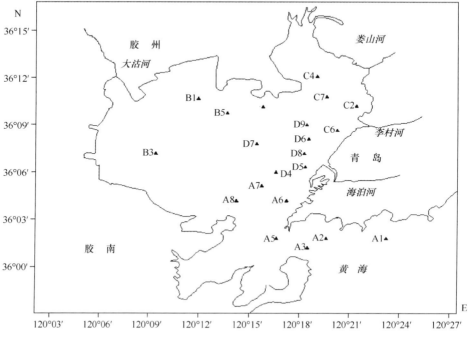

图 11-4　1981 年胶州湾调查站位

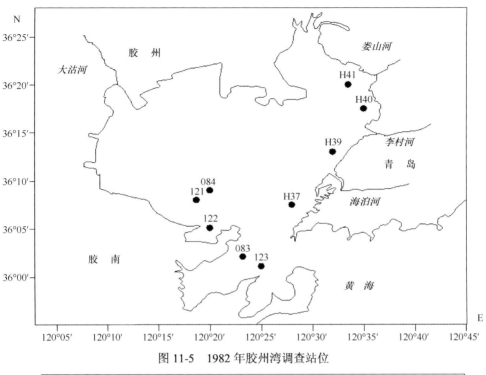

图 11-5　1982 年胶州湾调查站位

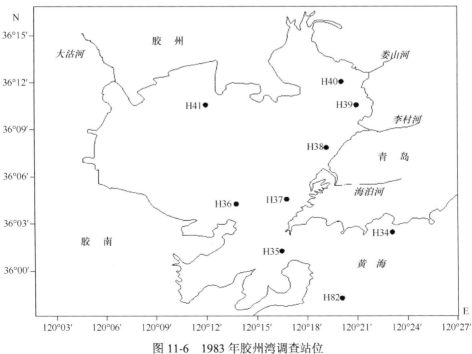

图 11-6　1983 年胶州湾调查站位

11.2 石油的含量

11.2.1 含 量 大 小

在 1979 年、1980 年、1981 年、1982 年、1983 年，对胶州湾水体中的 PHC 进行调查，其含量的变化范围如表 11-1 所示。

表 11-1　4～11 月 PHC 在胶州湾水体中的含量　（单位：mg/L）

年份	4 月	5 月	6 月	7 月	8 月	9 月	10 月	11 月
1979 年		0.08～0.32			0.10～1.10			
1980 年			0.019～0.141	0.018～0.076		0.046～0.09	0.012～0.155	
1981 年	0.021～0.861				0.011～0.889			0.018～0.176
1982 年	0.05～0.07		0.05～0.100	0.04～0.07			0.03～0.04	
1983 年		0.04～0.12				0.03～0.08	0.04～0.12	

1）1979 年

5 月，在胶州湾水体中，PHC 的含量范围为 0.08～0.32mg/L，整个水域超过了国家一类、二类海水水质标准（0.05mg/L）。除了 H38 站位，整个水域都符合国家三类海水水质标准（0.30mg/L）。只有在 H38 站位的含量特别高，达到 0.32mg/L，超过了国家三类海水水质标准（0.30mg/L），符合国家四类海水水质标准（0.50mg/L）。

8 月，水体中 PHC 的含量明显增加，达到 0.10～1.10mg/L，整个水域都超过了国家一类海水水质标准（0.05mg/L），除了 H39 站位，整个水域都符合国家三类海水水质标准（0.30mg/L）。只有在 H39 站位的含量特别高，达到 1.10mg/L，超过了国家四类海水的水质标准（0.50mg/L）（表 11-1）。

2）1980 年

6 月，在胶州湾水体中，PHC 的含量范围为 0.019～0.141mg/L。只有湾外的 H34 和 H82 站位的水域，PHC 的含量为 0.019mg/L，达到了国家一类、二类海水水质标准（0.05mg/L）。而在湾内的水域，PHC 的含量超过了 0.10mg/L，整个水域都达到了国家三类海水水质标准（0.30mg/L）。

7 月，在胶州湾水体中，PHC 的含量范围为 0.018～0.076mg/L。在湾内的东北部近岸水域：海泊河、李村河、娄山河和大沽河的入海口以及它们之间的近岸水域，PHC 的含量大于 0.05mg/L，且都小于 0.10mg/L，这个水域都达到了国家三类海水水质标准（0.30mg/L），而在湾外、湾口和湾中心的水域，PHC 的含量小于 0.05mg/L，这个水域都达到了国家一类、二类海水水质标准（0.05mg/L）。

9 月，在胶州湾水体中，PHC 的含量范围为 0.046～0.09mg/L。除了 H36 和 H38 站位，整个水域都达到了国家三类海水水质标准（0.30mg/L）。只有湾外的 H36 和 H38 站位的水域，PHC 的含量为 0.046mg/L，符合国家一类、二类海水水质标准（0.05mg/L），也接近国家三类海水水质标准（0.30mg/L）。

10 月，在胶州湾水体中，PHC 的含量范围为 0.012～0.155mg/L。大部分水域中 PHC 的含量明显减少，符合国家一类、二类海水水质标准（0.05mg/L）。小部分水域中 PHC 的含量明显增加，达到了国家三类海水水质标准（0.30mg/L）。这小部分水域是海泊河、李村河和娄山河的入海口水域及其它们之间的近岸水域，其中 PHC 含量较高的是海泊河的入海口水域，为 0.152mg/L，李村河的入海口水域为 0.098mg/L，娄山河的入海口水域为 0.155mg/L（表 11-1）。

3）1981 年

4 月，在胶州湾水体中，PHC 的含量范围为 0.021～0.861mg/L。只有在湾口、湾外和湾内北部的水域，PHC 的含量为 0.021～0.049mg/L，符合国家一类、二类海水水质标准（0.05mg/L）。在湾内的水域，除了湾内北部，整个湾内水域 PHC 的含量都超过了 0.05mg/L，整个水域都达到了国家三类海水水质标准（0.30mg/L）。在河流输入的东部近岸水域，PHC 的含量都超过了 0.5mg/L，这个水域都超过了四类海水水质标准（0.50mg/L）。

8 月，在胶州湾水体中，PHC 的含量范围为 0.011～0.889mg/L。在湾内的北部、湾口和湾外的水域，PHC 的含量为 0.011～0.049mg/L，达到了国家一类、二类海水水质标准（0.05mg/L）。而在海湾内的其他水域，超过了国家二类海水水质标准。在东部的近岸水域，PHC 的含量都大于 0.10mg/L。其中在海泊河、李村河的入海口水域，PHC 的含量都达到或超过了四类海水水质标准（0.50mg/L）。

11 月，在胶州湾水体中，PHC 的含量范围为 0.018～0.176mg/L。整个胶州湾水域都达到了国家二类、三类海水水质标准（0.30mg/L）。在湾外和湾内西北部的水域，PHC 的含量小于 0.05mg/L，这个水域都达到了国家一类、二类海水水质标准（0.05mg/L）。而在其他水域，尤其在海泊河、李村河和娄山河的入海口水域及其它们之间的近岸水域，PHC 的含量达到了国家三类海水水质标准（0.30mg/L）（表 11-1）。

4）1982 年

4 月、7 月和 10 月，胶州湾西南沿岸水域 PHC 含量范围为 0.03～0.07mg/L。

4月，胶州湾西南沿岸水域 PHC 含量范围为 0.05～0.07mg/L，PHC 的含量符合国家三类海水水质标准（0.30mg/L）。7月，胶州湾西南沿岸水域 PHC 含量范围为 0.04～0.07mg/L，PHC 的含量符合国家二类、三类海水水质标准（0.30mg/L）。10月，胶州湾西南沿岸水域 PHC 含量范围为 0.03～0.04mg/L，PHC 的含量符合国家一类、二类海水水质标准（0.05mg/L）。

6月，胶州湾东部和北部沿岸水域 PHC 含量范围为 0.05～0.10mg/L，PHC 的含量符合国家三类海水水质标准（0.30mg/L）。

4月、6月、7月和10月，PHC 在胶州湾水体中的含量范围为 0.03～0.10mg/L，都没有超过国家三类海水水质标准。这表明在4月、6月、7月和10月胶州湾表层水质，在整个水域符合国家二类、三类海水水质标准（0.30mg/L）（表 11-1）。

5）1983年

5月，在胶州湾水体中，PHC 的含量范围为 0.04～0.12mg/L。只有在湾外南部的水域，PHC 的含量为 0.04mg/L，PHC 的含量符合国家一类、二类海水水质标准（0.05mg/L）。除了湾外南部的水域，整个胶州湾水域 PHC 的含量为 0.05～0.12mg/L，都符合国家三类海水水质标准（0.30mg/L）。

9月，在胶州湾水体中，PHC 的含量范围为 0.03～0.08mg/L。只有在湾口和湾内北部的水域，PHC 的含量为 0.03～0.04mg/L，PHC 的含量符合国家一类、二类海水水质标准（0.05mg/L）。除了湾口和湾内北部的水域，整个胶州湾水域 PHC 的含量为 0.05～0.08mg/L，都符合国家三类海水水质标准（0.30mg/L）。

10月，在胶州湾水体中，PHC 的含量范围为 0.04～0.12mg/L。只有在湾口和湾外北部的水域，PHC 的含量为 0.04mg/L，PHC 的含量符合国家一类、二类海水水质标准（0.05mg/L）。除了湾口和湾外北部的水域，整个胶州湾水域 PHC 的含量为 0.05～0.12mg/L，都符合国家三类海水水质标准（0.30mg/L）。

1983年5月、9月和10月，胶州湾北部沿岸水域 PHC 含量比较高，南部湾口水域 PHC 含量比较低。

5月、9月和10月，PHC 在胶州湾水体中的含量范围为 0.03～0.12mg/L，都没有超过国家三类海水水质标准（0.30mg/L）。这表明在5月、9月和10月胶州湾表层水质，在整个水域符合国家二类（0.05mg/L）、三类（0.30mg/L）海水水质标准（表 11-1）。

11.2.2 变化趋势

4月，1981～1982年 PHC 在胶州湾水体中的含量大幅度的减少。5月，1979～

1983 年 PHC 在胶州湾水体中的含量在减少。6 月，1980～1982 年 PHC 在胶州湾水体中的含量在稍微减少。7 月，1980～1982 年 PHC 在胶州湾水体中的含量在稍微减少。8 月，1979～1981 年 PHC 在胶州湾水体中的含量在减少。9 月，1980～1983 年 PHC 在胶州湾水体中的含量也在减少。10 月，1980～1983 年 PHC 在胶州湾水体中的含量也有所减少。因此，1979～1983 年，在胶州湾水体中，在每个月份 PHC 的含量都在减少。只有 4 月的 PHC 含量有大幅度的减少，而在其他的月份 PHC 含量减少的幅度就很小，尤其在 6 月和 7 月 PHC 含量减少的幅度非常小。

11.2.3　季 节 变 化

以每年 4 月、5 月、6 月代表春季；7 月、8 月、9 月代表夏季；10 月、11 月、12 月代表秋季。1979 年和 1981 年期间，PHC 在胶州湾水体中的含量在春季较高，为 0.019～0.861mg/L，PHC 在胶州湾水体中的含量在夏季更高，为 0.011～1.10mg/L，PHC 在胶州湾水体中的含量在秋季较低，为 0.012～0.155mg/L。相比春季、夏季和秋季，在胶州湾水体中的 PHC 含量在春季相对较高，夏季很高，秋季含量比较低。而在 1980 年，在胶州湾水体中的 PHC 含量在春季相对较高，夏季含量比较低，而秋季很高。在 1982 年，PHC 含量都非常小，在胶州湾水体中的 PHC 含量在春季相对较高，夏季含量比较低，秋季很高。在 1983 年，PHC 含量都非常小，在胶州湾水体中的 PHC 含量在春季和秋季相对较高，夏季含量比较低。

11.3　石油的年份变化

11.3.1　水　　质

以每年 4 月、5 月、6 月代表春季；7 月、8 月、9 月代表夏季；10 月、11 月、12 月代表秋季。1979～1983 年，在春季，水体中 PHC 的含量从一类、二类、三类、四类和超四类海水水质降低到一类、二类和三类海水水质；在夏季，水体中 PHC 的含量从一类、二类、三类、四类和超四类海水水质降低到一类、二类和三类海水水质；在秋季，水体中 PHC 的含量一直维持在一类、二类和三类海水水质。这表明 PHC 的含量在春季、夏季的输入非常大，而在秋季的输入却非常小（表 11-2）。因此，1979～983 年，在早期的春季、夏季胶州湾受到 PHC 含量的重度污染，而到了晚期，春季、夏季胶州湾受到 PHC 含量的轻度污染；在秋季，1979～1983 年，一直保持着胶州湾受到 PHC 含量的轻度污染，而没有受到 PHC 含量的中度污染和重度污染。

表 11-2　春季、夏季、秋季的胶州湾表层水质

年份	春季	夏季	秋季
1979 年	一类、二类、三类、四类	一类、二类、三类、四类和超四类	
1980 年	一类、二类、三类	一类、二类、三类	一类、二类、三类
1981 年	一类、二类、三类、四类和超四类	一类、二类、三类、四类和超四类	一类、二类、三类
1982 年	一类、二类、三类	一类、二类、三类	一类、二类
1983 年	一类、二类、三类	一类、二类、三类	一类、二类、三类

11.3.2　含量变化

　　1979~1983 年，在胶州湾水体中 PHC 的含量逐年在振荡中减少，而且，含量减少的幅度在春季、夏季比较大，而在秋季含量减少的幅度很小，几乎没有变化（图 11-7）。另外，含量越高，相应的月份就减少越大，如 1979 年 8 月 PHC 的含量为 0.10~1.10mg/L，1981 年 8 月 PHC 的含量为 0.011~0.889mg/L，这样，从 1979 年 8 月到 1981 年 8 月 PHC 的含量大幅降低；如 1981 年 4 月 PHC 的含量为 0.021~0.861mg/L，1982 年 4 月 PHC 的含量为 0.05~0.07mg/L，这样，从 1981 年 4 月到 1982 年 4 月 PHC 的含量大幅降低。同样，含量越低，相应的月份就减少越小，如 1980 年 10 月 PHC 的含量为 0.012~0.155mg/L，1983 年 10 月 PHC 的含量为 0.04~0.12mg/L，这样，从 1980 年 10 月到 1983 年 10 月 PHC 的含量稍微降低。

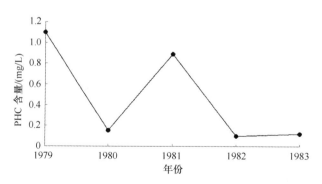

图 11-7　胶州湾水体中 PHC 的最高含量的变化（mg/L）

11.4　结　　论

　　1979~1983 年，在早期的春季、夏季胶州湾受到 PHC 含量的重度污染，而到了晚期，春季、夏季胶州湾受到 PHC 含量的轻度污染；在秋季，1979~1983

年，一直保持着胶州湾受到 PHC 含量的轻度污染，而没有受到 PHC 含量的中度污染和重度污染。这也表明 PHC 的含量在春季、夏季的输入非常大，而在秋季的输入却非常小。1979～1981 年，在胶州湾表层水体中 PHC 的含量有一类、二类、三类、四类和超四类海水水质。然而，1982～1983 年，在胶州湾表层水体中 PHC 的含量有一类、二类、三类海水水质。因此，1979～1983 年，胶州湾受到 PHC 含量的污染在减少，水质在变好。

1979～1983 年，在胶州湾水体中 PHC 的含量逐年在振荡中减少。含量减少的幅度在春季、夏季比较大，而在秋季含量减少的幅度很小，几乎没有变化。而且，含量越高，相应的月份就减少越大，含量越低，相应的月份就减少越小，因此，向胶州湾排放的 PHC 含量在减少，使得胶州湾水域的 PHC 含量逐渐接近背景值。

随着我国对环境的改善，水体中 PHC 含量在迅速地减少，尤其是在夏季和春季，PHC 的高含量大幅度的减少。因此，PHC 含量在水体环境中的治理取得了显著的成效。

参 考 文 献

[1] Yang D F, Zhang Y C, Zou J, et al. Contents and distribution of petroleum hydrocarbons (PHC) in Jiaozhou Bay waters. Open Journal of Marine Science, 2011, 2(3): 108-112.

[2] 杨东方, 孙培艳, 陈晨, 等. 胶州湾水域石油烃的分布及污染源. 海岸工程, 2013, 32(1): 60-72.

[3] Yang D F, Sun P Y, Ju L, et al. Distribution and changing of petroleum hydrocarbon in Jiaozhou Bay waters . Applied Mechanics and Materials, 2014, 644-650: 5312-5315.

[4] Yang D F, Wu Y F, He H Z, et al. Vertical distribution of petroleum hydrocarbon in Jiaozhou Bay. Proceedings of the 2015 international symposium on computers and informatics. 2015: 2647-2654.

[5] Yang D F, Wang F Y, Zhu S X, et al. Distribution and homogeneity of petroleum hydrocarbon in Jiaozhou Bay. Proceedings of the 2015 international symposium on computers and informatics. 2015: 2661-2666.

[6] Yang D F, Sun P Y, Ju L, et al. Input features of petroleum hydrocarbon in Jiaozhou Bay. Proceedings of the 2015 international symposium on computers and informatics. 2015: 2647-2654.

[7] Yang D F, Chen Y, Gao Z H, et al. Silicon limitation on primary production and its destiny in Jiaozhou Bay, China Ⅳ transect offshore the coast with estuaries . Chin J Oceanol Limnol, 2005, 23(1): 72-90.

[8] 杨东方, 王凡, 高振会, 等.胶州湾浮游藻类生态现象. 海洋科学, 2004,　28(6): 71-74.

[9] 国家海洋局. 海洋监测规范. 北京: 海洋出版社, 1991.

第 12 章　胶州湾水域石油污染源变化过程

随着经济的高速发展，石油（PHC）对环境的影响日益增大。PHC 被广泛应用到工业、农业和交通行业，而且日常生活用品中 PHC 也得到了重要应用。因此，人类的活动带来的大量的含 PHC 的废水、废气和废渣，经过河流的输送，向大海迁移[1~6]，对环境造成了严重的污染。本文根据 1979～1983 年胶州湾的调查资料，研究在这 5 年期间 PHC 在胶州湾水域的水平分布和污染源变化，为治理 PHC 污染的环境提供理论依据。

12.1　背　　景

12.1.1　胶州湾自然环境

胶州湾位于山东半岛南部，其地理位置为东经 120°04′～120°23′，北纬 35°58′～36°18′，以团岛与薛家岛连线为界，与黄海相通，面积约为 446km^2，平均水深约 7m，是一个典型的半封闭型海湾（图 12-1）。胶州湾入海的河流有十几条，其中径流量和含沙量较大的为大沽河和洋河，青岛市区的海泊河、李村河和娄山河等河流，这些河流均属季节性河流，河水水文特征有明显的季节性变化[7, 8]。

12.1.2　数据来源与方法

本研究所使用的调查数据由国家海洋局北海监测中心提供。胶州湾水体 PHC 的调查[1~6]按照国家标准方法进行，该方法被收录在国家的《海洋监测规范》中（1991 年）[9]。

1979 年 5 月和 8 月；1980 年 6 月、7 月、9 月和 10 月；1981 年 4 月、8 月和 11 月；1982 年 4 月、6 月、7 月和 10 月；1983 年 5 月、9 月和 10 月，进行胶州湾水体 PHC 的调查[1~6]。

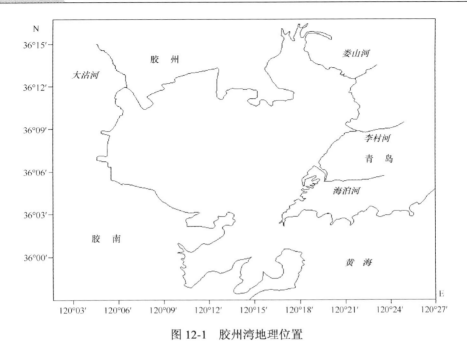

图 12-1　胶州湾地理位置

12.2　石油的水平分布

12.2.1　1979 年 8 月水平分布

　　1979 年 5 月和 8 月，5 月，表层 PHC 含量的分布展示了海泊河和李村河这两个河流入海口的中间近岸水域，形成了 PHC 的高含量区，PHC 的浓度大于 0.30mg/L，明显高于西南水域：湾中心、湾口和湾外。8 月，表层 PHC 含量的分布展示了在李村河和娄山河这两个河流入海口中间的近岸水域，形成了 PHC 的高含量区（1.10mg/L），从湾的东北部沿岸水域向湾中心水域，PHC 的值由大（1.10mg/L）变小（0.10mg/L）。这样，沿着海泊河、李村河和娄山河的河流方向，在胶州湾水体中 PHC 的值在递减（图 12-2）。

12.2.2　1980 年 7 月和 10 月水平分布

　　1980 年 7 月，表层 PHC 含量的等值线（图 12-3）展示了湾的东部、东北部有相邻的海泊河、李村河和娄山河，以及湾的北部有相邻的娄山河和大沽河，在这 4 个河流的入海口之间的近岸水域，形成了 PHC 的高含量区（0.076mg/L），沿梯度降低。在湾口 H35 站位，有一个低含量区域（0.018mg/L）。

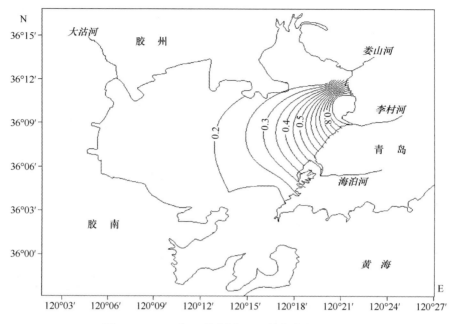

图 12-2　1979 年 8 月表层 PHC 的分布（mg/L）

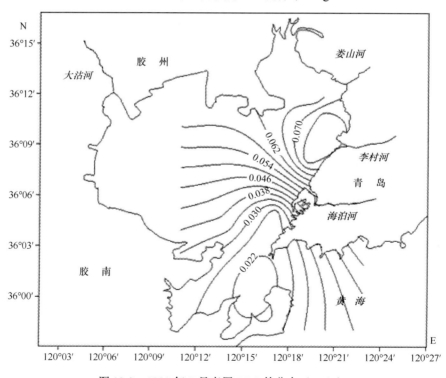

图 12-3　1980 年 7 月表层 PHC 的分布（mg/L）

1980 年 10 月，在海泊河、李村河和娄山河的入海口水域及其它们之间的近岸水域，形成了 PHC 的高含量区（0.098～0.155mg/L）（图 12-4）。这样，沿着海泊河、李村河和娄山河的河流方向，在胶州湾水体中 PHC 的值在递减，一直减到小于 0.05mg/L。

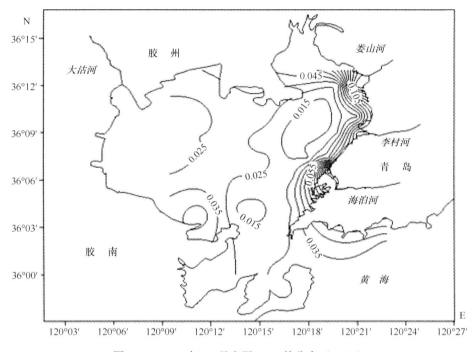

图 12-4　1980 年 10 月表层 PHC 的分布（mg/L）

12.2.3　1981 年 8 月和 11 月水平分布

1981 年 8 月，在海泊河和李村河的入海口水域及其它们之间的近岸水域，形成了 PHC 的高含量区（0.373～0.889mg/L）。PHC 含量由近岸水域到湾中心沿梯度降低（图 12-5）。这样，沿着海泊河和李村河的河流方向，在胶州湾水体中 PHC 的值在递减，一直减到小于 0.100mg/L。到湾中心，甚至减到小于 0.050mg/L。同样，在大沽河的入海口水域（0.491mg/L），沿着大沽河的河流方向，在胶州湾水体中 PHC 的值在递减，一直减到小于 0.100mg/L。到湾中心，甚至减到小于 0.050mg/L。

1981 年 11 月，在海泊河、李村河和娄山河的入海口水域及其它们之间的近岸水域，形成了 PHC 的高含量区（0.079～0.176mg/L）。PHC 的含量大小由东北向西南方向递减，从湾东北部的 0.176mg/L 降低到湾口的 0.056mg/L，也一直降低

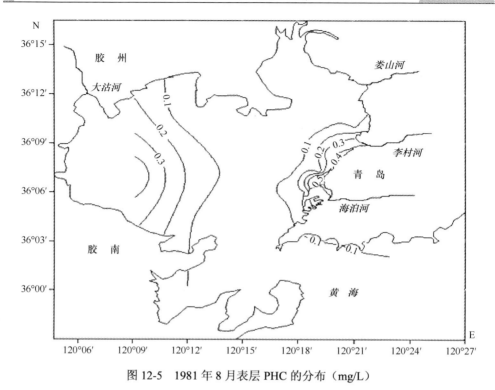

图 12-5　1981 年 8 月表层 PHC 的分布（mg/L）

到湾西北的 0.018mg/L。由于湾的东北部含量比较高，整个胶州湾水域都受到影响，含量比较高。

12.2.4　1982 年 6 月水平分布

1982 年 6 月，胶州湾水域，在娄山河的入海口水域，PHC 的含量达到最高，为 0.10mg/L，展示了 PHC 高含量（0.10mg/L）沿梯度下降，PHC 的含量值从湾底东北部的 0.10mg/L 降低到湾西南湾口的 0.05mg/L，这说明在胶州湾水体中沿着娄山河的河流方向，PHC 含量在不断地递减（图 12-6）。

12.2.5　1983 年 10 月水平分布

1983 年，在胶州湾水域，水体中表层 PHC 的水平分布状况是其含量大小由北部的近岸向南部的湾口方向递减。1983 年 10 月，在胶州湾东北部，在娄山河和李村河的入海口之间的近岸水域，形成了 PHC 的高含量区（0.12mg/L）。PHC含量从高含量（0.12mg/L）沿梯度递减到湾口水域的 0.04mg/L，甚至到了湾外水域的 0.04mg/L（图 12-7）。

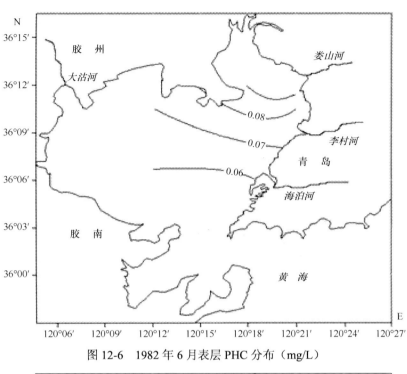

图 12-6　1982 年 6 月表层 PHC 分布（mg/L）

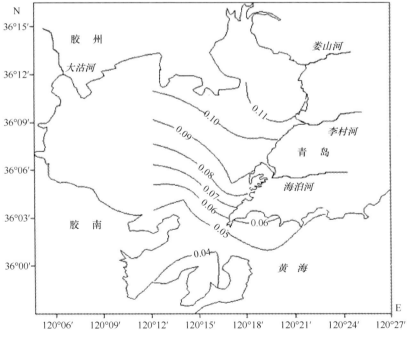

图 12-7　1983 年 10 月表层 PHC 含量的分布（mg/L）

12.3　石油的污染源

12.3.1　污染源的位置

1979～1983 年，每一年中出现了 PHC 含量最高值的位置。

1979 年 8 月，在李村河和娄山河的入海口中间近岸水域，PHC 的含量最高值为 1.10mg/L。

1980 年 10 月，在海泊河、李村河和娄山河的入海口水域及其它们之间的近岸水域，PHC 的含量最高值为 0.155mg/L。

1981 年 8 月，在海泊河和李村河的入海口水域及其它们之间的近岸水域，PHC 含量的最高值为 0.889mg/L。

1982 年 6 月，在娄山河的入海口水域，PHC 的含量达到最高，为 0.10mg/L。

1983 年 10 月，在娄山河和李村河的入海口之间的近岸水域，PHC 含量的最高值为 0.12mg/L。

由此发现，1979～1983 年，PHC 的高含量污染源来自于海泊河、李村河和娄山河。于是，产生了这样的结果：在海泊河、李村河和娄山河的入海口水域及其它们之间的近岸水域，形成了 PHC 的高含量区。在胶州湾水体中，PHC 含量来源于河流，河流带来了人类活动产生的污染，其 PHC 含量范围为 0.10～1.10mg/L。

12.3.2　污染源的范围

1979～1983 年，在胶州湾的湾内东部近岸水域，有 3 条入湾径流：海泊河、李村河和娄山河。这三条河流给胶州湾整个水域带来了 PHC 的高含量，其 PHC 含量范围为 0.10～1.10mg/L。于是，胶州湾整个水域的 PHC 含量水平分布展示，以海泊河、李村河和娄山河的三个入海口为中心，形成了一系列不同梯度，从中心沿梯度降低，扩展到胶州湾整个水域。

12.3.3　污染源的类型

1）重度污染源

1979 年 8 月、1980 年 10 月和 1981 年 8 月的 PHC 水平分布表明，PHC 污染源在入海口的近岸区域，PHC 的值范围为 0.155～1.10mg/L。在工厂、企业和生活居住区有大量的 PHC 存在，通过管道等方式排放到河流，由入湾河流输送到近岸水域，在近岸水域 PHC 含量形成了 PHC 的高含量区，在河流的输送下，以此高含量区为中心，形成了一系列不同梯度的半个同心圆。这样，在胶州湾水体中沿着河流的方向，PHC 的值在递减。因此，由河流输送的 PHC 高含量，进入胶州湾后，呈现一系列不同梯度的半个同心圆。

2）轻度污染源

1982 年 6 月和 1983 年 10 月的 PHC 水平分布表明，PHC 污染源在入海口的近岸区域，PHC 的值范围为 0.10～0.12mg/L。在工厂、企业和生活居住区有少量的 PHC 存在，通过管道等方式排放到河流，由入湾河流输送到近岸水域，而且，PHC 的含量很低，在近岸水域 PHC 含量形成了几乎平行于东北部的海岸线，并且形成了一系列不同梯度的平行线，表层 PHC 的含量由东北部的近岸向南部的湾口方向递减。因此，由河流输送的 PHC 低含量，进入胶州湾后，呈现一系列不同梯度的平行线。

12.3.4　污染源的变化特征

1979～1983 年，通过胶州湾水体 PHC 的含量大小、水平分布和输入方式的分析，发现 1979～1981 年和 1982～1983 年，PHC 污染源的变化特征有很大的不同。1979～1981 年，PHC 污染源的含量为 0.155～1.10mg/L，1982～1983 年，PHC 污染源的含量为 0.10～0.12mg/L；1979～1981 年，PHC 污染源的水平分布为半圆式，1982～1983 年，PHC 污染源的水平分布为平行式；1979～1981 年，PHC 污染源的输入方式为河流，1982～1983 年，PHC 污染源的输入方式为河流；1979～1981 年，PHC 的污染源为重度污染源，1982～1983 年，PHC 的污染源为轻度污染源（表 12-1）。

表 12-1　PHC 污染源在不同阶段的变化特征　　　　　　（单位：mg/L）

时间	含量大小	水平分布	输入方式	污染源程度
1979～1981 年	0.155～1.10	半圆式	河流	重度污染源
1982～1983 年	0.10～0.12	平行式	河流	轻度污染源

1979～1983 年，无论在 1979～1981 年还是在 1982～1983 年，PHC 的污染源唯一不变的是河流。

12.3.5　污染源的变化过程

1979～1981 年，PHC 含量的水平分布展示了 PHC 污染源为重度污染源，

1982～1983 年,PHC 含量的水平分布展示了 PHC 污染源为轻度污染源。根据 HCH 的污染源有变化过程出现三个阶段：重度污染源、轻度污染源以及没有污染源,用三个模型框图来表示[10]（图 12-8）。于是,PHC 的污染源有变化过程出现两个

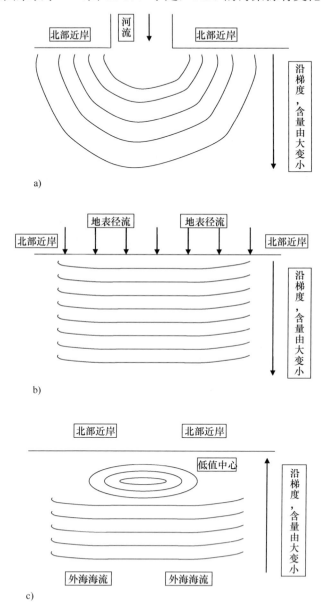

图 12-8　HCH 的污染源的变化过程的三个模型框图
a）HCH 的重度污染源；b）HCH 轻度污染源；c）没有 HCH 的污染源（来自杨东方，2011）

阶段：重度污染源和轻度污染源，用两个模型框图来表示，这与展示 HCH 的污染源的变化过程的三个模型框图中的两个是一致的，即 PHC 的重度污染源和轻度污染源与 HCH 的重度污染源和没有污染源所使用两个模型框图是一样的（图12-8）。这说明无论是 PHC 还是有机物 HCH 在污染源的特征和变化过程方面是一致的。然而，PHC 污染源的变化过程比 HCH 污染源的变化过程少了一个模型框图，也就是表示 PHC 一直有污染源。反之，PHC 的污染源状况通过模型框图来确定，就能分析知道属于重度污染源还是轻度污染源的哪个阶段。对此，两个模型框图展示 PHC 的污染源的变化过程。

1979～1985 年（缺 1984 年），Hg 的污染源有变化过程出现两个阶段：重度污染源和没有污染源，Hg 的重度污染源和没有污染源与 HCH 的重度污染源和没有污染源所使用的两个模型框图是一样的（图 12-8），无论是重金属 Hg 还是有机物 HCH 在污染源的特征和变化过程是一致的。这表明了 Hg 污染源的变化过程比HCH 污染源的变化过程少了一个模型框图，也就是表示 Hg 没有轻度污染源。因此，PHC 污染源和重金属 Hg 污染源的变化过程中分别占据了 HCH 污染源的变化过程中的不同阶段。

12.4　结　　论

1979～1983 年，随着时间的变化，胶州湾水域 PHC 的污染源发生了很大变化。PHC 的时间阶段分为 1979～1981 年和 1982～1983 两个阶段，在这两个阶段的过程中，PHC 污染源的含量由高值变为低值，其水平分布由半圆式变为平行式，其输入方式由河流仍然变为河流，其污染源程度由重度污染变为轻度污染。展示了 PHC 污染源的变化过程，在这个过程中，唯一不变的是 PHC 的污染源是河流。河流受到的污染，主要是受到人类的污染造成的，如在工厂、企业和生活居住区有大量的 PHC 存在，最终都排放到河流中。因此，需要人们增强环保意识，加大环境保护的力度，减少 PHC 向河流的排放。胶州湾水体中 PHC 含量就会迅速地减少，整个胶州湾水体中 PHC 的含量就会达到清洁水域状态。

参 考 文 献

[1] Yang D F, Zhang Y C, Zou J, et al. Contents and distribution of petroleum hydrocarbons (PHC) in Jiaozhou Bay waters. Open Journal of Marine Science, 2011, 2(3): 108-112.

[2] 杨东方, 孙培艳, 陈晨, 等. 胶州湾水域石油烃的分布及污染源. 海岸工程, 2013, 32(1): 60-72.

[3] Yang D F, Sun P Y, Ju L, et al. Distribution and changing of petroleum hydrocarbon in Jiaozhou Bay waters . Applied Mechanics and Materials , 2014, 644-650: 5312-5315.

[4] Yang D F, Wu Y F, He H Z, et al. Vertical distribution of petroleum hydrocarbon in Jiaozhou Bay. Proceedings of the 2015 international symposium on computers and informatics. 2015: 2647-2654.

[5] Yang D F, Wang F Y, Zhu S X, et al. Distribution and homogeneity of petroleum hydrocarbon in Jiaozhou Bay. Proceedings of the 2015 international symposium on computers and informatics. 2015: 2661-2666.

[6] Yang D F, Sun P Y, Ju L, et al. Input features of petroleum hydrocarbon in Jiaozhou Bay. Proceedings of the 2015 international symposium on computers and informatics. 2015: 2647-2654.

[7] Yang D F, Chen Y, Gao Z H, et al. Silicon limitation on primary production and its destiny in Jiaozhou Bay, China IV transect offshore the coast with estuaries . Chin J Oceanol Limnol, 2005, 23(1): 72-90.

[8] 杨东方, 王凡, 高振会, 等.胶州湾浮游藻类生态现象. 海洋科学, 2004, 28(6): 71-74.

[9] 国家海洋局. 海洋监测规范. 北京: 海洋出版社, 1991.

[10] 杨东方, 丁咨汝, 郑琳, 等. 胶州湾水域有机农药六六六的分布及均匀性. 海岸工程, 2011, 30(2): 66-74.

第13章 胶州湾水域石油的陆地迁移过程

中国正处在工业化、农业化高速发展的时期，石油是工业的血液，在国民经济的发展中具有不可替代的作用，而且，石油消费的大量增长与中国经济的发展形成了强烈的依存度。自从 1979 年以来，中国工业迅速发展，石油也大量消费。因此，研究 PHC 在胶州湾水域的存在状况[1~6]，了解 PHC 对环境造成的污染有着非常重要的意义。

本文根据 1979~1983 年胶州湾的调查资料，研究 PHC 在胶州湾海域的季节变化和月降水量变化，确定 PHC 含量的季节变化的来源、输送和人类活动的影响，展示了胶州湾水域 PHC 含量的季节变化过程和陆地迁移过程，为 PHC 在胶州湾水域的来源、迁移和季节变化的研究提供科学依据。

13.1 背　　景

13.1.1 胶州湾自然环境

胶州湾位于山东半岛南部，其地理位置为东经 120°04′~120°23′，北纬 35°58′~36°18′，以团岛与薛家岛连线为界，与黄海相通，面积约为 446km^2，平均水深约 7m，是一个典型的半封闭型海湾（图 13-1）。胶州湾入海的河流有十几条，其中径流量和含沙量较大的为大沽河和洋河，青岛市区的海泊河、李村河和娄山河等河流，这些河流均属季节性河流，河水水文特征有明显的季节性变化[7, 8]。

13.1.2 数据来源与方法

本研究所使用的调查数据由国家海洋局北海监测中心提供。胶州湾水体 PHC 的调查[1~6]是按照国家标准方法进行，该方法被收录在国家的《海洋监测规范》中（1991 年）[9]。

1979 年 5 月和 8 月；1980 年 6 月、7 月、9 月和 10 月；1981 年 4 月、8 月和 11 月；1982 年 4 月、6 月、7 月和 10 月；1983 年 5 月、9 月和 10 月，进行胶州湾水体 PHC 的调查[1~6]。以每年 4 月、5 月、6 月代表春季；7 月、8 月、9 月代表夏季；10 月、11 月、12 月代表秋季。

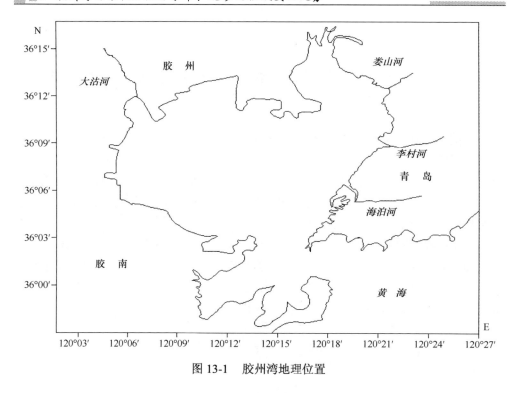

图 13-1　胶州湾地理位置

13.2　石油的季节分布

13.2.1　1979 年季节分布

春季，在整个胶州湾表层水体中，PHC 的表层含量为 0.08～0.32mg/L。夏季，PHC 的表层含量为 0.10～1.10mg/L，达到了很高的值。以同样的站位，作 8 月与 5 月 PHC 含量的差，得到 H34、H40 站为负值–0.02～–0.01mg/L，其他站位都为正值 0.01～0.91mg/L，而站位 H34 在湾外，站位 H40 在湾的最北端。这说明：在胶州湾的表层水体中，夏季的 PHC 表层含量几乎都高于春季的。因此，在胶州湾的水体中，夏季的 PHC 的表层含量比春季的高。

13.2.2　1980 年季节分布

6 月、7 月、9 月和 10 月，6 月代表春季；7 月、9 月代表夏季；10 月代表秋季。

春季，整个胶州湾表层水体中 PHC 的表层含量范围为 0.019～0.141mg/L。夏季，表层水体中 PHC 的表层含量为 0.018～0.09mg/L。秋季，在胶州湾水体中，PHC 的含量范围为 0.012～0.155mg/L。春季、夏季和秋季，PHC 表层含量最大值相差为 0.065mg/L，最小值相差为 0.012～0.155mg/L。这表明在胶州湾水体中 PHC 表层含量在春季、夏季和秋季变化不显著。

6 月，在胶州湾水体中，PHC 的含量范围为 0.019～0.141mg/L。在湾内的水域，PHC 的含量超过了 0.10mg/L。

7 月，在胶州湾水体中，PHC 的含量范围为 0.018～0.076mg/L。在海泊河、李村河、娄山河和大沽河的入海口以及它们之间的近岸水域，PHC 的含量大于 0.05mg/L。

9 月，在胶州湾水体中，PHC 的含量范围为 0.046～0.09mg/L。水体中 PHC 的含量明显增加，在湾内水域，PHC 的含量几乎大于 0.05mg/L。

10 月，在胶州湾水体中，PHC 的含量范围为 0.012～0.155mg/L。大部分水域中 PHC 的含量明显减少，只有海泊河、李村河和娄山河的入海口水域及其它们之间的近岸水域，PHC 的含量大于 0.98mg/L。

这表明 6 月、7 月、9 月和 10 月，在胶州湾水体中 PHC 表层含量都来自河流的输送。而且输送的 PHC 表层含量并不是完全由河流的流量来决定的，一部分是由人类活动污染河流的 PHC 含量来决定的。这样，输送的 PHC 表层含量由河流的流量和人类活动污染河流的 PHC 含量来共同决定。当河流的流量来决定输送的 PHC 含量时，在胶州湾水体中 PHC 的含量就呈现了明显的季节变化。当人类活动向河流排放 PHC 含量来决定输送的 PHC 含量时，在胶州湾水体中 PHC 的含量就展示了没有明显的季节变化。

13.2.3　1981 年季节分布

4 月、8 月和 11 月，4 月，PHC 在胶州湾表层水体中的含量比较低，其范围为 0.021～0.861mg/L；8 月，表层水体中 PHC 的含量明显增加，PHC 在胶州湾表层水体中的含量比较高，其范围为 0.011～0.889mg/L；11 月，PHC 在胶州湾表层水体中的含量明显下降，其范围为 0.018～0.176mg/L。因此，从 4 月 PHC 含量在增加，到 8 月 PHC 含量达到最高值，然后 PHC 含量开始下降，到 11 月达到最低值，而且 PHC 含量大于 1mg/L 的水域，4 月和 8 月都非常大，几乎扩展到整个胶州湾水域，然后到 11 月此水域开始减少，变得非常小。因此，在胶州湾水体中，PHC 的表层含量在夏季比春季高，而秋季的是最低的。这样，PHC 的表层含量从高到低的季节变化为：夏季、春季和秋季，PHC 的季节变化形成了春季、夏季、秋季的一个峰值曲线。于是，河流的流量来决定输送的 PHC 含量。

13.2.4 1982 年季节分布

4 月，胶州湾西南沿岸水域 PHC 含量范围为 0.05～0.07mg/L，符合国家三类海水水质标准（0.30mg/L）。7 月，胶州湾西南沿岸水域 PHC 含量范围为 0.04～0.07mg/L，都符合国家二类（0.05mg/L）、三类（0.30mg/L）海水水质标准。10 月，胶州湾西南沿岸水域 PHC 含量范围为 0.03～0.04mg/L，都符合国家二类海水水质标准（0.05mg/L）。对此，在胶州湾的水体中，PHC 的表层含量在夏季的和春季的一样高，而秋季的是最低的。这样，PHC 的表层含量从高到低的季节变化为：春季和夏季、秋季，PHC 的季节变化形成了春季和夏季、秋季的一个下降曲线。于是，河流的流量来决定输送的 PHC 含量，同时，在春季，部分由人类向河流排放 PHC 的含量在增加。

13.2.5 1983 年季节分布

5 月，胶州湾水域 PHC 含量范围为 0.04～0.12mg/L，符合国家二类（0.05mg/L）、三类（0.30mg/L）海水水质标准。9 月，胶州湾水域 PHC 含量范围为 0.03～0.08mg/L，都符合国家二类、三类海水水质标准。10 月，胶州湾水域 PHC 含量范围为 0.04～0.12 mg/L，都符合国家二类、三类海水水质标准。对此，PHC 含量的季节变化都保持在国家二类、三类海水的水质标准，形成了在春季、夏季、秋季的二类、三类海水的小变化范围。对此，在胶州湾的水体中，PHC 的表层含量在春季和秋季一样高，而夏季的是最低的。这样，PHC 的表层含量从高到低的季节变化为：春季和秋季、夏季，PHC 的季节变化形成了春季和秋季、夏季的一个下谷底的曲线。于是，在春季和秋季，部分由人类向河流排放 PHC 的含量在增加，而在夏季，人类向河流排放 PHC 的含量在相对减少。

13.2.6 月降水量变化

1982 年 6 月至 2007 年，青岛地区的平均月降水量的季节变化趋势非常明显。以夏季为最高，与春季、秋季、冬季相比，每年只有一个夏季的高峰值。以冬季为最低，与春季、夏季、秋季相比，每年只有一个冬季的低谷值。1 月，降水量是一年中最低的，最低值为 11.8mm。从 1 月开始缓慢上升，5 月，降水量增加加快，一直到 8 月，经过 7 个月的上升。8 月，降水量增长到高峰值，为 150.3mm。然后开始迅速下降，11 月，降水量减少放慢，一直到 1 月，经过 5 个月的下降，达到低谷值（图 13-2）。接着又周而复始。11 月，降水量为 23.4mm，4 月，降水量为 33.4mm。这表明从 11 月一直到翌年的 4 月，这 5 个月的降水量都低于 33.4mm。在春季、夏季和秋季中，春季的降水量比较高，夏季的是最高的，而秋季是最低的。这样，在胶州湾的河流流量也具有这样的特征：春季的河流流量比较高，夏季的是最高的，而秋季的是最低的。这就表明输送的 PHC 含量由河流的流量来决定。

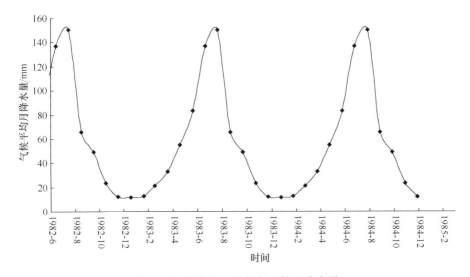

图 13-2　青岛地区的气候平均月降水量

13.3　石油的陆地迁移

13.3.1　使　用　量

中国正处在工业化、农业化高速发展的时期，同时，农村也在城市化的大力发展中。经济的迅猛飞跃向前和生活水平的日新月异都加大了能源的耗费，如石油。石油是工业的血液，在国民经济的发展中具有不可替代的作用。石油消费的大量增长与中国经济的发展形成了强烈的依存度。因此，自从 1979 年以来，中国工业迅速发展，石油也大量消费。

自改革开放以来，我国国民经济连续高速发展，对能源的需求急剧增加。石油产量每年都有所增长。1978～1990 年是中国经济平稳增长时期，国家统计局统计数据显示中国石油的消费量从 1978 年的 9130 万 t 增长到 1990 年的 11 030 万 t，年均增长 158 万 t，年均增长率为 1.6%。通过 1978～1990 年中国石油产量及表观消费量的变化过程，了解石油的使用状况。石油工业是我国国民经济的重要基础和支柱产业，在宏观经济的发展中占有举足轻重的地位，这样，石油的大量消费才能使得经济得到大力发展。

13.3.2 河流输送

石油经过加工提炼，可以得到的产品大致可分为四大类：燃料、润滑油、沥青、溶剂。

工业、农业和日常生活都离不开石油。石油的第一代产品：汽油、煤油、柴油、润滑油、沥青、石蜡。石油的第二代产品：塑料制品、纤维、橡胶、化肥。以石油为原料还可以制得染料、农药、医药、洗涤剂、炸药、合成蛋白质以及其他有机合成工业用的原料。总之，利用现代的石油加工技术，从石油宝库中人们已能获取 5000 种以上的产品，石油产品已遍及到工业、农业、国防、交通运输和人们日常生活的各个领域中去了。因此，在日常的生活中处处都离不开石油的产品。

在生产和冶炼石油的过程中，向大气、陆地和大海的大量排放。排放的特征如下：①石油化工行业水污染排放特征，如其主要污染物是石油类、硫化物、氨氮、BOD、COD、酚类化合物、悬浮物和 pH 等；②炼油行业和石油化工行业大气污染排放特征，如石油化工行业排放的大气污染物主要有 SO_x、NO_x、TSP、烃类、恶臭物质以及 CO、VOC 等。

由此认为，在空气、土壤、地表、河流等任何地方都有石油的残留量，而且，以各种不同的化学产品和污染物质形式存在。而且经过地面水和地下水都将石油的残留量汇集到河流中，最后迁移到海洋的水体中。

1982 年 6 月至 2007 年，青岛地区的平均月降水量是在 8 月，降水量增长到高峰值。因此，随着降水量的增长，雨水的冲刷将地面上和土壤中的石油的残留量带到河流中。然后，通过河流的输送，将石油的残留量带到胶州湾。这样，在胶州湾的石油含量是随着降水量在变化。

13.3.3 陆地迁移过程

1）输送的来源

输送的 PHC 表层含量由河流的流量和人类活动污染河流的 PHC 含量来共同决定。

利用现代的石油加工技术，从石油宝库中人们已能获取 5000 种以上的产品，石油产品已遍及到工业、农业、国防、交通运输和人们日常生活的各个领域中去了。因此，在日常的生活中处处都离不开石油的产品。

在生产和冶炼石油过程中，向大气、陆地和大海的大量排放。在空气、土壤、地表、河流等任何地方都有石油的残留量，而且，以各种不同的化学产品和污染物质形式存在。而且经过地面水和地下水都将石油的残留量汇集到河流中，最后迁移到海洋的水体中。

降雨就像一把扫帚将陆地、大气的石油都带到河流的水体中。这样，河流的PHC 含量由河流的流量和人类活动共同决定。

2）河流的输送

当人类没有对河流突然的大量排放 PHC，河流的 PHC 含量就不会有突发的变化，这样，河流的流量来决定输送的 PHC 含量，在胶州湾水体中 PHC 的含量就呈现了明显的季节变化。在春季、夏季和秋季中，春季的降水量比较高，夏季的是最高的，而秋季的是最低的。这样，在胶州湾的河流流量也是具有这样的特征：春季的河流流量比较高，夏季的是最高的，而秋季的是最低的。这就表明输送的 PHC 含量由河流的流量来决定。

1982 年 6 月至 2007 年，青岛地区的平均月降水量是在 8 月，降水量增长到高峰值。因此，随着降水量的增长，雨水的冲刷将地面上和土壤中的石油的残留量带到河流中。然后，通过河流的输送，将石油的残留量带到胶州湾。这样，在胶州湾的石油含量随着降水量在变化。

如 1979 年季节分布，在胶州湾的水体中，PHC 的表层含量在夏季的比春季的高。1981 年季节分布，在胶州湾的水体中，PHC 的表层含量在夏季的比春季的高，而秋季的是最低的。

3）人类的大量排放

当人类活动向河流突然的大量排放 PHC 含量来决定输送的 PHC 含量，就会在人类排放时，河流的 PHC 含量突然升高。这时，在胶州湾水体中 PHC 的含量就展示了季节变化是不明显的。

如 1980 年季节分布，在胶州湾水体中 PHC 的含量就展示了没有明显的季节变化。

4）不同的输送叠加

河流的流量来决定输送的 PHC 含量，在胶州湾水体中 PHC 的含量就呈现了不同的季节变化。以河流的流量为基础，以人类活动为叠加，这样，就展示了河流的流量和人类活动来共同决定河流的 PHC 含量，就出现了在不同季节的 PHC

含量的高峰值和低谷值。

如 1982 年季节分布，在胶州湾的水体中，PHC 的表层含量在夏季的和春季的一样高，而秋季的是最低的。于是，河流的流量来决定输送的 PHC 含量，同时，在春季，部分由人类向河流排放 PHC 的含量在增加。

如 1983 年季节分布，在胶州湾的水体中，PHC 的表层含量在春季的和秋季的一样高，而夏季的是最低的。于是，在春季和秋季，部分由人类向河流排放 PHC 的含量在增加，而在夏季，人类向河流排放 PHC 的含量在相对减少。

5）模型框图

1979～1983 年，在胶州湾水体中 PHC 含量的季节分布，由陆地迁移过程所决定，PHC 的陆地迁移过程出现三个阶段：人类对 PHC 的使用、PHC 沉积于土壤和地表中、河流和地表径流把 PHC 输入到海洋的近岸水域。这可用模型框图来表示（图 13-3）。PHC 的陆地迁移过程通过模型框图来确定，就能分析知道 PHC 经过的路径和留下的轨迹。对此，三个模型框图展示了：PHC 从生产到土地由人类来决定，然而，从土地到海洋由雨量来决定。这样，就进一步地展示了河流的 PHC 含量是由人类活动和降雨量来决定的，也就是河流的流量和人类活动来共同决定河流的 PHC 含量。因此，在胶州湾的水体中 PHC 含量就是河流的 PHC 含量来决定的。

图 13-3　PHC 的陆地迁移过程模型框图

13.4　结　　论

1979～1983 年，在空间尺度上，胶州湾的西北部水域有大沽河的入海口，为湾的西北部近岸水域提供了河流的输送；胶州湾的东北部水域有海泊河、李村河和娄山河的入海口，为湾的东北部近岸水域提供了河流的输送。这都展示了 PHC 的含量变化有梯度形成：从大到小呈下降趋势。因此，通过 PHC 在胶州湾水域的分布、来源和季节变化以及该地区的雨量大小变化，作者认为向近岸水域输入 PHC 的含量是随着河流或地表径流的大小而变化，也就是随着雨量的大小而变化。PHC 含量变化由胶州湾附近盆地的雨量大小所决定。

这是因为石油在陆地的迁移过程。在日常的生活中处处都离不开石油的产品，在生产和冶炼石油的过程中，向大气、陆地和大海大量排放 PHC。在空气、土壤、地表、河流等任何地方都有石油的残留量，而且，以各种不同的化学产品和污染物质形式存在。因此，经过地面水和地下水都将石油的残留量汇集到河流中，PHC最后迁移到海洋的水体中。于是，就展示了河流或地表径流的输送。

时间尺度上，在胶州湾，PHC 含量的变化由三种情况所决定。①当人类没有给河流突然的大量排放 PHC，河流的 PHC 含量就不会有突发的变化，这样，河流的流量来决定输送的 PHC 含量，在胶州湾水体中 PHC 的含量就呈现了明显的季节变化。河流输送的 PHC 含量也具有这样的特征：春季的河流流量比较高，夏季的是最高的，而秋季的是最低的。这就表明输送的 PHC 含量是由河流的流量来决定的。②当人类活动向河流突然的大量排放 PHC 含量来决定输送的 PHC 含量，在人类排放时，河流的 PHC 含量就会突然升高。这时，在胶州湾水体中 PHC 的含量就展示了季节变化是不明显的。③以河流的流量为基础，以人类活动为叠加，这样，就展示了河流的流量和人类活动来共同决定河流的 PHC 含量，就出现了在不同季节的 PHC 含量的高峰值和低谷值。

1979～1983 年，在胶州湾水体中 PHC 的含量的季节变化，由陆地迁移过程所决定。PHC 的陆地迁移过程出现三个阶段：人类对 PHC 的使用、PHC 沉积于土壤和地表中、河流和地表径流把 PHC 输入到海洋的近岸水域。这可用模型框图展示：PHC 从使用到土地由人类来决定，然而，从土地到海洋由雨量来决定。

参 考 文 献

[1] Yang D F, Zhang Y C, Zou J, et al. Contents and distribution of petroleum hydrocarbons (PHC) in Jiaozhou Bay waters. Open Journal of Marine Science, 2011, 2(3): 108-112.

[2] 杨东方, 孙培艳, 陈晨, 等. 胶州湾水域石油烃的分布及污染源. 海岸工程, 2013, 32(1): 60-72.

[3] Yang D F, Sun P Y, Ju L, et al. Distribution and changing of petroleum hydrocarbon in Jiaozhou Bay waters . Applied Mechanics and Materials , 2014, 644-650: 5312-5315.

[4] Yang D F, Wu Y F, He H Z, et al. Vertical distribution of petroleum hydrocarbon in Jiaozhou Bay. Proceedings of the 2015 international symposium on computers and informatics. 2015: 2647-2654.

[5] Yang D F, Wang F Y, Zhu S X, et al. Distribution and homogeneity of petroleum hydrocarbon in Jiaozhou Bay. Proceedings of the 2015 international symposium on computers and informatics. 2015: 2661-2666.

[6] Yang D F, Sun P Y, Ju L, et al. Input features of petroleum hydrocarbon in Jiaozhou Bay. Proceedings of the 2015 international symposium on computers and informatics. 2015: 2647-2654.

[7] Yang D F, Chen Y, Gao Z H, et al. Silicon limitation on primary production and its destiny in Jiaozhou Bay, China IV transect offshore the coast with estuaries . Chin J Oceanol Limnol, 2005, 23(1): 72-90.

[8] 杨东方, 王凡, 高振会, 等.胶州湾浮游藻类生态现象. 海洋科学, 2004, 28(6): 71-74.

[9] 国家海洋局. 海洋监测规范. 北京: 海洋出版社, 1991.

第14章 胶州湾水域石油的水域沉降过程

石油（PHC）是一种黏稠的、深褐色液体，主要是各种烷烃、环烷烃、芳香烃的混合物。在工农业和城市的发展中起到重要作用，是我们日常生活不可缺失的重要化学元素。长期的大量使用，又 PHC 可溶于多种有机溶剂，不溶于水，但可与水形成乳状液，大量的 PHC 通过地表径流和河流，输送到海洋，然后，储存在海底[1~6]。因此，研究海洋水体中 PHC 的底层分布变化，了解 PHC 对环境造成持久性的污染有着非常重要的意义。

根据 1980～1981 年的胶州湾水域调查资料，研究 PHC 在胶州湾水域的存在状况[1~6]。1980～1981 年，在胶州湾水体中 PHC 的含量没有季节变化，是由人类的排放量经过陆地迁移过程所决定的；PHC 的陆地迁移过程出现三个阶段：人类对 PHC 的使用、PHC 沉积于土壤和地表中、河流和地表径流把 PHC 输入到海洋的近岸水域。本文根据 1980～1981 年胶州湾的调查资料，研究 PHC 在胶州湾海域的底层分布变化，为治理 PHC 污染的环境提供理论依据。

14.1 背 景

14.1.1 胶州湾自然环境

胶州湾位于山东半岛南部，其地理位置为东经 120°04′～120°23′，北纬 35°58′～36°18′，以团岛与薛家岛连线为界，与黄海相通，面积约为 446km²，平均水深约 7m，是一个典型的半封闭型海湾（图 14-1）。胶州湾入海的河流有十几条，其中径流量和含沙量较大的为大沽河和洋河，青岛市区的海泊河、李村河和娄山河等河流，这些河流均属季节性河流，河水水文特征有明显的季节性变化[7, 8]。

14.1.2 数据来源与方法

本研究所使用的调查数据由国家海洋局北海监测中心提供。胶州湾水体 PHC 的调查[1~6]是按照国家标准方法进行的，该方法被收录在国家的《海洋监测规范》中（1991 年）[9]。

1980 年 6 月、7 月、9 月和 10 月；1981 年 4 月、8 月和 11 月，进行胶州湾

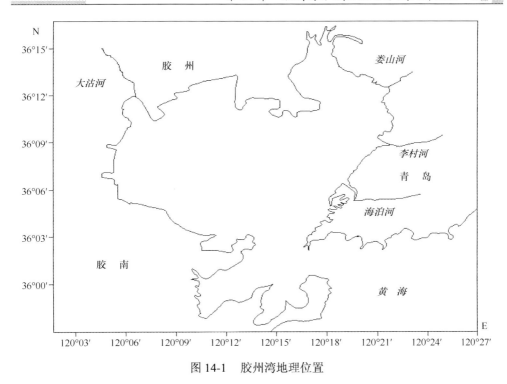

图 14-1　胶州湾地理位置

水体底层 PHC 的调查。以每年 4 月、5 月、6 月代表春季；7 月、8 月、9 月代表夏季；10 月、11 月、12 月代表秋季。

14.2　石油的底层分布

14.2.1　底层含量大小

1980 年、1981 年，对胶州湾水体底层中的 PHC 进行调查，其底层含量的变化范围如表 14-1 所示。

表 14-1　4~11 月 PHC 在胶州湾水体底层中的含量　　　（单位：mg/L）

年份	4 月	5 月	6 月	7 月	8 月	9 月	10 月	11 月
1980 年			0.036~0.147	0.033~0.060		0.068~0.102	0.028~0.065	
1981 年	0.031~0.123				0.028~0.056			0.038~0.100

1）1980 年

6 月，在胶州湾水体中，PHC 的含量范围为 0.036~0.147mg/L。只有湾口的湾外 H82 站位水域，PHC 的含量为 0.036mg/L，符合国家一类、二类海水水质标准（0.05mg/L）。而在湾内的水域，PHC 的含量超过了 0.10mg/L，而湾外的 H34 站位的水域，PHC 的含量为 0.095mg/L。因此，除了湾外的南部水域，整个水域都达到了国家三类海水水质标准（0.30mg/L）。

7 月，在胶州湾水体中，PHC 的含量范围为 0.033～0.060mg/L。水体中 PHC 的含量明显减少，湾口的湾内水域：站位 H35、H36、H37，在这个水域，PHC 的含量小于 0.05mg/L，这个水域都符合国家一类、二类海水水质标准（0.05mg/L）。湾口的湾外水域：站位 H34、H82，在这个水域，PHC 的含量小于 0.30mg/L，这个水域都符合国家三类海水水质标准（0.30mg/L）。

9 月，在胶州湾水体中，PHC 的含量范围为 0.068～0.102mg/L。水体中 PHC 的含量明显增加，湾口的湾内和湾外水域，整个水域都达到了国家三类海水水质标准（0.30mg/L）。

10 月，在胶州湾水体中，PHC 的含量范围为 0.028～0.065mg/L。只有湾口的湾内 H36 站位水域，PHC 的含量为 0.065mg/L，符合国家三类海水水质标准（0.30mg/L）。而其他水域中 PHC 的含量明显减少，达到了国家一类、二类海水水质标准（0.05mg/L）。

因此，6 月、7 月、9 月和 10 月，PHC 在胶州湾水体中的底层 PHC 含量范围为 0.028～0.147mg/L，符合国家一类、二类和三类海水水质标准。这表明在 PHC 含量方面，6 月、7 月、9 月和 10 月，在胶州湾的湾口底层水域，水质受到 PHC 的轻度污染（表 14-1）。

2）1981 年

4 月，在胶州湾水体中，PHC 的含量范围为 0.031～0.123mg/L。在湾内的中心水域站位 D5 和 B5 以及湾外水域的站位 A2，PHC 的含量超过了 0.05mg/L，符合国家三类海水水质标准（0.30mg/L）。湾内、湾外的其他水域，PHC 的含量符合国家一类、二类海水水质标准（0.05mg/L）。

8 月，在胶州湾水体中，PHC 的含量范围为 0.028～0.056mg/L。水体中 PHC 的含量明显减少，只有湾口的内侧水域 A6 站位，PHC 的含量为 0.056mg/L，符合国家三类海水水质标准（0.30mg/L）。湾内、湾外的其他水域，PHC 的含量符合国家一类、二类海水水质标准（0.05mg/L）。

11 月，在胶州湾水体中，PHC 的含量范围为 0.038～0.100mg/L。水体中 PHC 的含量明显增加，湾口和湾口的外侧水域，整个水域都达到了国家三类海水水质标准（0.30mg/L）。而湾口的内侧水域，整个水域都符合国家一类、二类海水水质标准（0.05mg/L）。

因此,4 月、8 月和 11 月,PHC 在胶州湾水体中的底层 PHC 含量范围为 0.028～0.123mg/L,符合国家一类、二类和三类海水水质标准。这表明在 PHC 含量方面,4 月、8 月和 11 月,在胶州湾的湾口底层水域,水质受到 PHC 的轻度污染(表14-1)。

14.2.2　底　层　分　布

1)1980 年

6 月、7 月、9 月和 10 月,在胶州湾的湾口底层水域,从湾口内侧到湾口,再到湾口外侧,在胶州湾的湾口水域的这些站位:H34、H35、H36、H37 和 H82,PHC 含量有底层的调查。那么 PHC 含量在底层的水平分布如下。

6 月,在胶州湾的湾口底层水域,从湾口到湾口外侧,在胶州湾的湾口水域 H35 站位,PHC 的含量达到较高(0.147mg/L),以湾口水域为中心形成了PHC 的高含量区,形成了一系列不同梯度的平行线。PHC 含量从湾口的高含量(0.147mg/L)到湾外水域沿梯度递减为 0.036mg/L。

7 月,在胶州湾的湾口底层水域,从湾口外侧的东部到湾口内侧,在胶州湾湾口外侧的东部水域 H34 站位,PHC 的含量达到较高(0.060mg/L),以湾口外侧东部水域为中心形成了 PHC 的高含量区,形成了一系列不同梯度的平行线。PHC含量从湾口外侧东部水域的高含量(0.060mg/L)到湾口内侧沿梯度递减为0.033mg/L(图 14-2)。

9 月,在胶州湾的湾口底层水域,从湾口内侧到湾口外侧,在胶州湾湾口内侧水域 H36 站位,PHC 的含量达到较高(0.102mg/L),以湾口内侧水域为中心形成了 PHC 的高含量区,形成了一系列不同梯度的平行线。PHC 含量从湾口内侧水域的高含量(0.102mg/L)到湾口外侧沿梯度递减为 0.068mg/L。

10 月,在胶州湾的湾口底层水域,从湾口内侧到湾口外侧,在胶州湾湾口内侧水域 H36 站位,PHC 的含量达到较高(0.065mg/L),以湾口内侧水域为中心形成了 PHC 的高含量区,形成了一系列不同梯度的平行线。PHC 含量从湾口内侧水域的高含量(0.065mg/L)到湾口外侧沿梯度递减为 0.028mg/L(图 14-3)。

因此,从湾口内侧到湾口外侧,无论沿梯度递减或者递增,PHC 含量都形成了一系列不同梯度的平行线。

2)1981 年

4 月、8 月和 11 月,在胶州湾的湾口底层水域,从湾口内侧到湾口,再到湾口外侧,在胶州湾的湾口底层水域的这些站位:4 月和 8 月的站位有 A1、A2、

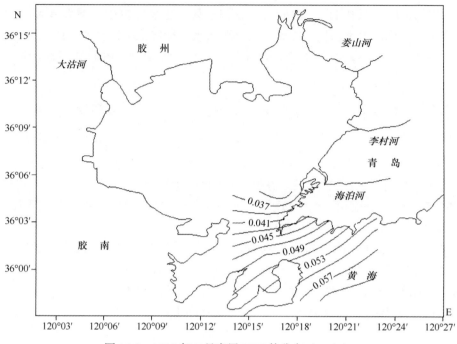

图 14-2　1980 年 7 月底层 PHC 的分布（mg/L）

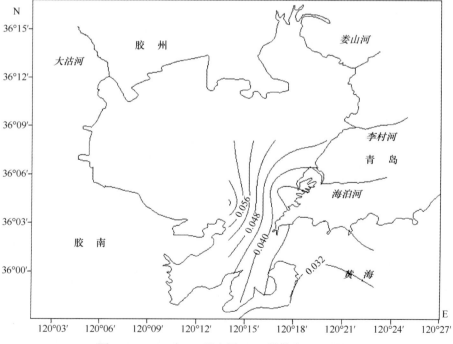

图 14-3　1980 年 10 月底层 PHC 的分布（mg/L）

A3、A4、A5、A6、A7、A8、B5 和 D5，11 月的站位有 H34、H35、H36、H37。那么 PHC 含量在底层的水平分布如下。

4 月，在胶州湾的湾口底层水域，从湾内中心到湾口外侧，在胶州湾的湾内中心水域站位 D5，PHC 的含量达到较高（0.123mg/L），以湾内中心水域为中心形成了 PHC 的高含量区，形成了一系列不同梯度的半圆。PHC 含量从湾内中心的高含量（0.123mg/L）到湾口水域沿梯度递减为 0.031mg/L（图 14-4）。

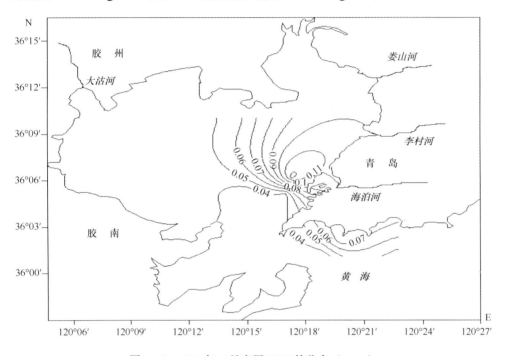

图 14-4　1981 年 4 月底层 PHC 的分布（mg/L）

8 月，在胶州湾的湾口底层水域，从湾口内侧到湾口外侧，在湾口的内侧水域 A6 站位，PHC 的含量达到较高（0.056mg/L），以湾口内侧水域为中心形成了 PHC 的高含量区，形成了一系列不同梯度的半圆。PHC 含量从湾口内侧的高含量（0.056mg/L）到湾口外侧水域沿梯度递减为 0.028mg/L。

11 月，在胶州湾的湾口底层水域，从湾口外侧的东部到湾口内侧，在胶州湾湾口外侧的东部水域 H34 站位，PHC 的含量达到较高 0.100mg/L，以湾口外侧东部水域为中心形成了 PHC 的高含量区，形成了一系列不同梯度的平行线。PHC 含量从湾口外侧东部水域的高含量（0.100mg/L）到湾口内侧沿梯度递减为 0.038mg/L（图 14-5）。

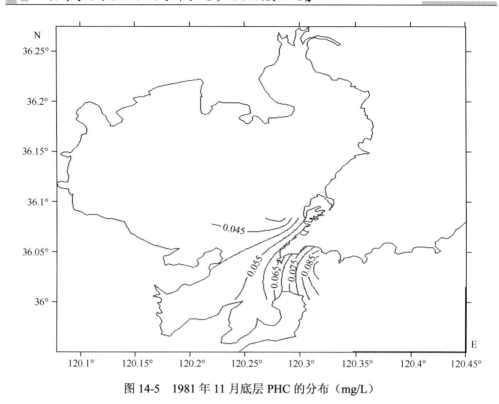

图 14-5　1981 年 11 月底层 PHC 的分布（mg/L）

因此，4 月和 8 月，从湾口内侧到湾口外侧，沿梯度 PHC 含量由湾内向湾外递减，而 11 月，从湾口外侧到湾口内侧，沿梯度 PHC 含量由湾外向湾内递减。

14.3　石油的沉降过程

14.3.1　月份变化

4～11 月（缺少 5 月），在胶州湾水体中的底层 PHC 含量变化范围为 0.028～0.147mg/L，符合国家一类、二类和三类海水水质标准。这表明在 PHC 含量方面，4～11 月（缺少 5 月），在胶州湾的湾口底层水域，水质受到 PHC 的轻度污染。

在胶州湾的湾口底层水域，4～11 月（缺少 5 月），每个月 PHC 含量高值变化范围为 0.056～0.147mg/L，每个月 PHC 含量低值变化范围为 0.028～0.068mg/L（图 14-6）。那么，每个月 PHC 含量高值变化的差是 0.147mg/L–0.056mg/L = 0.091mg/L，而每个月 PHC 含量低值变化的差是 0.068mg/L–0.028mg/L = 0.040mg/L。作者发现每个月 PHC 含量高值变化范围比较大，而每个月 PHC 含量低值变化范围比较小，这说明 PHC 含量经过了垂直水体的效应作用[10]，呈现了在

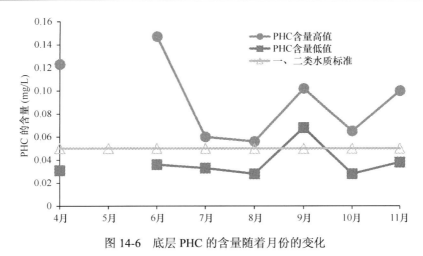

图 14-6　底层 PHC 的含量随着月份的变化

胶州湾的湾口底层水域 PHC 含量的低值变化范围比较稳定，变化比较小。

在胶州湾的湾口底层水域，4～11 月（缺少 5 月），每个月 PHC 含量高值都大于 0.050mg/L，其中有 4 月、6 月、9 月和 11 月，其高值大于 0.100mg/L。这揭示了每个月水质都受到 PHC 的轻度污染，而且在 4 月、6 月、9 月和 11 月，PHC 的污染比较重。

在胶州湾的湾口底层水域，4～11 月（缺少 5 月），除了 9 月，每个月 PHC 含量低值都小于 0.050mg/L，只有 9 月，其低值大于 0.050mg/L。这揭示了除了 9 月，每个月水质都可使 PHC 的轻度污染恢复到无污染程度，只有在 9 月，PHC 一直都是轻度污染。

因此，1980～1981 年，在胶州湾的湾口底层水域，4～11 月（缺少 5 月），每个月水质都受到 PHC 的轻度污染，而且 4 月、6 月、9 月和 11 月，PHC 的污染比较重。可是，除了 9 月，每个月水质都可使 PHC 的轻度污染恢复到无污染程度，只有在 9 月，PHC 一直都是轻度污染。

14.3.2　季 节 变 化

以每年 4 月、5 月、6 月代表春季；7 月、8 月、9 月代表夏季；10 月、11 月、12 月代表秋季。1980 年和 1981 年期间，PHC 在胶州湾水体中的含量在春季较高，为 0.031～0.147mg/L，在夏季中间为 0.028～0.102mg/L，在秋季较低，为 0.028～0.100mg/L。因此，在胶州湾的湾口底层水域，在春季、夏季和秋季，PHC 含量高值变化范围为 0.100～0.147mg/L，PHC 含量低值变化范围为 0.028～0.031mg/L。这展示了在胶州湾的湾口底层水域，PHC 含量几乎没有季节变化，无论 PHC 含量高值还是 PHC 含量低值都没有季节变化。

14.3.3 水域沉降过程

通过胶州湾海域底层水体中 PHC 含量的分布变化，展示了 PHC 的沉降过程：PHC 是一种黏稠的、深褐色液体，主要是各种烷烃、环烷烃、芳香烃的混合物。PHC 在水里的迁移过程中，可溶于多种有机溶剂，不溶于水，但可与水形成乳状液。PHC 随河流入海后，绝大部分经过重力沉降、生物沉降、化学作用等迅速由水相转入固相，最终转入沉积物中。从春季 5 月开始，海洋生物大量繁殖，数量迅速增加，到夏季的 8 月，形成了高峰值[8]，且由于浮游生物的繁殖活动，悬浮颗粒物表面形成胶体，此时的吸附力最强，吸附了大量的 PHC，大量的 PHC 随着悬浮颗粒物迅速沉降到海底。这样，随着雨季（5~11 月）的到来，季节性的河流变化，PHC 被输入胶州湾海域中，在春季、夏季和秋季，河流输入大量的 PHC 到海洋，颗粒物质和生物体将 PHC 从表层带到底层。于是，经过水体的 PHC 沉降到海底，在表层 PHC 的含量低于底层。这个过程表明了 PHC 在迅速地沉降，并且在底层具有累积的过程。

14.4 结 论

1980~1981 年，在胶州湾的底层水体中，4~11 月（缺少 5 月），在胶州湾水体中的底层 PHC 含量变化范围为 0.028~0.147mg/L，符合国家一类、二类和三类海水水质标准。这表明在 PHC 含量方面，4~11 月（缺少 5 月），在胶州湾的湾口底层水域，水质受到 PHC 的轻度污染。PHC 含量经过了垂直水体的效应作用，呈现了在胶州湾的湾口底层水域 PHC 含量的低值变化范围比较稳定，变化比较小。4~11 月（缺少 5 月），除了 9 月，每个月水质都可使 PHC 的轻度污染恢复到无污染程度，只有在 9 月，PHC 一直都是轻度污染。在胶州湾的湾口底层水域，PHC 含量几乎没有季节变化，无论 PHC 含量高值还是 PHC 含量低值都没有季节变化。这表明人类的污染带来的 PHC 含量大于河流输送的季节变化的 PHC 含量。故人类在 PHC 含量方面污染还是严重的。

从湾口内侧到湾口外侧，无论沿梯度递减或者递增，PHC 含量都形成了一系列不同梯度的平行线。4 月和 8 月，从湾口内侧到湾口外侧，沿梯度 PHC 含量由湾内向湾外递减，而 11 月，从湾口外侧到湾口内侧，沿梯度 PHC 含量由湾外向湾内递减。这展示了 PHC 的沉降过程。沉降过程揭示了 PHC 下降到水底的特征：①PHC 本身的化学性质十分稳定，很难溶于水；①大量的 PHC 随着悬浮颗粒物迅速沉降到海底。因此，沉降过程的特征说明了 1980～1981 年，在空间尺度上，表层输入的 PHC，无论湾内到湾口及湾外的水域，还是湾外到湾口及湾内的水域，都出现了 PHC 含量的大幅度下降。这些都证明沉降过程对 PHC 含量变化的作用。这样，通过 PHC 含量的沉降过程，就呈现了 PHC 在时空变化中的迁移路径。

参 考 文 献

[1] Yang D F, Zhang Y C, Zou J, et al. Contents and distribution of petroleum hydrocarbons (PHC)in Jiaozhou Bay waters . Open Journal of Marine Science, 2011, 2(3): 108-112.
[2] 杨东方, 孙培艳, 陈晨, 等. 胶州湾水域石油烃的分布及污染源. 海岸工程, 2013, 32(1): 60-72.
[3] Yang D F, Sun P Y, Ju L, et al. Distribution and changing of petroleum hydrocarbon in Jiaozhou Bay waters . Applied Mechanics and Materials , 2014, 644-650: 5312-5315.
[4] Yang D F, Wu Y F, He H Z, et al. Vertical distribution of petroleum hydrocarbon in Jiaozhou Bay. Proceedings of the 2015 international symposium on computers and informatics. 2015: 2647-2654.
[5] Yang D F, Wang F Y, Zhu S X, et al. Distribution and homogeneity of petroleum hydrocarbon in Jiaozhou Bay. Proceedings of the 2015 international symposium on computers and informatics. 2015: 2661-2666.
[6] Yang D F, Sun P Y, Ju L, et al. Input features of petroleum hydrocarbon in Jiaozhou Bay. Proceedings of the 2015 international symposium on computers and informatics. 2015: 2647-2654.
[7] Yang D F, Chen Y, Gao Z H, et al. Silicon limitation on primary production and its destiny in Jiaozhou Bay, China IV transect offshore the coast with estuaries . Chin J Oceanol Limnol, 2005, 23(1): 72-90.
[8] 杨东方, 王凡, 高振会, 等.胶州湾浮游游藻类生态现象. 海洋科学, 2004, 28(6): 71-74.
[9] 国家海洋局. 海洋监测规范. 北京: 海洋出版社, 1991.
[10] Yang D F, Wang F Y, He H Z, et al. Vertical water body effect of benzene hexachloride. Proceedings of the 2015 international symposium on computers and informatics. 2015: 2655-2660.

第 15 章　胶州湾水域石油的水域迁移过程

石油（PHC）是一种黏稠的、深褐色液体，在工农业和城市的发展中得到广泛应用，而且经历了大量的持续使用。由于 PHC 长期大量使用，沉积于土壤和地表中，经过雨水的冲刷汇入江河，又因为 PHC 可溶于多种有机溶剂，不溶于水，但可与水形成乳状液，这样对水体环境造成极大的污染[1~6]。因此，研究海洋水体中 PHC 的垂直分布变化，了解 PHC 在水体中的迁移过程有着非常重要的意义。本文根据 1980～1981 年胶州湾的调查资料，研究 PHC 在胶州湾海域的垂直分布变化，为治理 PHC 污染的环境提供理论依据。

15.1　背　　景

15.1.1　胶州湾自然环境

胶州湾位于山东半岛南部，其地理位置为东经 120°04′～120°23′，北纬 35°58′～36°18′，以团岛与薛家岛连线为界，与黄海相通，面积约为 446km²，平均水深约 7m，是一个典型的半封闭型海湾（图 15-1）。胶州湾入海的河流有十几条，其中径流量和含沙量较大的为大沽河和洋河，青岛市区的海泊河、李村河和娄山河等河流，这些河流均属季节性河流，河水水文特征有明显的季节性变化[7, 8]。

15.1.2　数据来源与方法

本研究所使用的调查数据由国家海洋局北海监测中心提供。胶州湾水体 PHC 的调查[1~6]是按照国家标准方法进行的，该方法被收录在国家的《海洋监测规范》中（1991 年）[9]。

在 1980 年 6 月、7 月、9 月和 10 月，1981 年 4 月、8 月和 11 月，进行胶州湾水体底层 PHC 的调查。以每年 4 月、5 月、6 月代表春季；7 月、8 月、9 月代表夏季；10 月、11 月、12 月代表秋季。

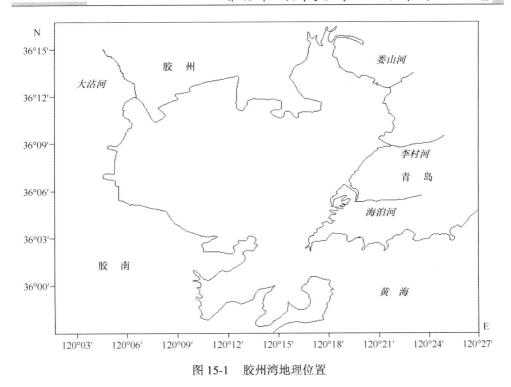

图 15-1　胶州湾地理位置

15.2　石油的垂直分布

15.2.1　1980 年表底层水平分布趋势

6 月、7 月、9 月和 10 月，在 H34、H35、H36、H37 和 H82 站位，得到了 PHC 在表层、底层的含量值。

在胶州湾的湾口水域，从胶州湾湾口的内侧水域 H37 站位到湾外的东部近岸水域 H34 站位。

6 月，在表层，PHC 含量沿梯度下降，从 0.141mg/L 下降到 0.019mg/L。在底层，PHC 含量沿梯度下降，从 0.103mg/L 下降到 0.095mg/L。这表明表层、底层的水平分布趋势是一致的。

7 月，在表层，PHC 含量沿梯度上升，从 0.024mg/L 上升到 0.047mg/L。在底层，PHC 含量沿梯度上升，从 0.033mg/L 上升到 0.056mg/L。这表明表层、底层的水平分布趋势是一致的。

9 月，在表层，PHC 含量沿梯度上升，从 0.054mg/L 上升到 0.056mg/L。在底层，PHC 含量沿梯度下降，从 0.084mg/L 下降到 0.068mg/L。这表明表层、底层的水平分布趋势是相反的。

10月，在表层，PHC含量沿梯度下降，从0.025mg/L下降到0.022mg/L。在底层，PHC含量沿梯度上升，从0.035mg/L上升到0.038mg/L。这表明表层、底层的水平分布趋势是相反的。

6月和7月，胶州湾湾口水域的水体中，表层PHC的水平分布与底层的水平分布趋势是一致的。9月和10月，胶州湾湾口水域的水体中，表层PHC的水平分布与底层的水平分布趋势是相反的（表15-1）。

表15-1　在胶州湾的湾口水域PHC的表层、底层水平分布趋势

月份　　水层	表层	底层	趋势
6月	下降	下降	一致
7月	上升	上升	一致
9月	上升	下降	相反
10月	下降	上升	相反

15.2.2　1980年表底层变化范围

6月，PHC的表层含量为0.019~0.141mg/L，其对应的底层含量为0.036~0.147mg/L。7月，PHC的表层含量为0.018~0.047mg/L，其对应的底层含量为0.033~0.060mg/L。9月，PHC的表层含量为0.046~0.056mg/L，其对应的底层含量为0.068~0.102mg/L。10月，PHC的表层含量为0.012~0.030mg/L，其对应的底层含量为0.028~0.065mg/L。因此，胶州湾表层水体中，PHC的表层、底层变化量基本一样。PHC的表层含量高的，其对应的底层含量就高；同样，PHC的表层含量比较低时，对应的底层含量就低。在1980年，PHC的表层含量变化范围为0.012~0.141mg/L，PHC的底层含量变化范围为0.028~0.147mg/L，表层PHC的变化范围小于底层的变化范围。

15.2.3　1980年表底层垂直变化

6月、7月、9月和10月，在这些站位：H34、H35、H36、H37和H82，PHC的表层、底层含量相减，其差为–0.076~0.038mg/L。这表明PHC的表层、底层含量有相近，也有相差。

6月，在表层、底层的含量之差范围为–0.076~0.038mg/L，只有湾口内水域的一个站位H37是正值，其他站位都为负值。1个站位为正值，4个站位为负值（表15-2）。

表 15-2　在胶州湾的湾口水域 PHC 的表层、底层含量差

月份＼站位	H34	H35	H36	H37	H82
6 月	负值	负值	负值	正值	负值
7 月	负值	负值	负值	负值	负值
9 月	负值	负值	负值	负值	负值
10 月	负值	负值	负值	负值	正值

7 月，在表层、底层的含量之差范围为 –0.031～–0.002mg/L，所有站位都为负值。5 个站位为负值（表 15-2）。

9 月，在表层、底层的含量之差范围为 –0.056～–0.012mg/L，所有站位都为负值。5 个站位为负值（表 15-2）。

10 月，在表层、底层的含量之差范围为 –0.053～0.002mg/L，只有湾口外水域的一个站位 H82 是正值，其他站位都为负值。1 个站位为正值，5 个站位为负值（表 15-2）。

因此，PHC 的表层、底层含量都相近，PHC 在表层的含量几乎都小于底层的含量。

15.2.4　1981 年表底层水平分布趋势

4 月、8 月和 11 月，有 PHC 的表层、底层含量调查。4 月和 8 月的站位有 A1、A2、A3、A5、A6、A7、A8、B5 和 D5，11 月的站位有 H34、H35、H36、H37。

4 月，在胶州湾的湾口水域，从湾内到湾口，在表层，PHC 含量沿梯度降低，其含量从 0.166mg/L 迅速减少到 0.040mg/L。在底层，PHC 含量沿梯度降低，其含量从 0.123mg/L 迅速减少到 0.031mg/L。这表明表层、底层的水平分布趋势是一致的。

8 月，在胶州湾的湾口水域，从湾内到湾口，在表层，PHC 含量沿梯度降低，其含量从 0.056mg/L 减少到 0.0118mg/L。在底层，PHC 含量沿梯度降低，其含量从 0.056mg/L 减少到 0.037mg/L。这表明表层、底层的水平分布趋势是一致的。

11 月，在胶州湾的湾口水域，从湾内到湾口，在表层，PHC 含量沿梯度降低，其含量从 0.068mg/L 逐渐减少到 0.041mg/L。在底层，PHC 含量沿梯度上升，其含量从 0.038mg/L 增加到 0.100mg/L。这表明表层、底层的水平分布趋势是相反的。

因此，在表层水体中，PHC 含量在 4 月、8 月比较高时，表层、底层的水平分布趋势是一致的（表 15-3）。PHC 含量在 11 月比较低时，由于 PHC 不断地沉降，经过海底的累积，于是，表层、底层的水平分布趋势是相反的（表 15-3）。

表 15-3　在胶州湾的湾口水域 PHC 的表层、底层水平分布趋势

月份 ＼ 水层	表层	底层	趋势
4 月	下降	下降	一致
8 月	下降	下降	一致
11 月	下降	上升	相反

15.2.5　1981 年表底层变化范围

4 月，在 B5 站位，PHC 的表层值大于底层值。在湾口 A1、A2、A3、A6、A7、A8、D5 和 H34 站位，PHC 的表层值小于底层值。A5 站位 PHC 的表层值等于底层值。将表层、底层含量在每个站位进行相减，其差值为负的有 −0.043 ～ 0.114mg/L，正的只有 0.114mg/L。最大的负值 −0.043mg/L 在湾内河口的 D5 站位，差值为 0 的在湾口的 A5 站位，最大的正值 0.114mg/L 在湾内中心的 B5 站位。

8 月，在 A1、A8、H34 和 H36 站位，PHC 的表层值大于底层值。在 A2、A3、A5、A7、B5、H35 和 H37 站位，PHC 的表层值小于底层值。A6 和 H37 站位 PHC 的表层值等于底层值。将表层、底层含量在每个站位进行相减，其差值为负的有 −0.0282 ～ −0.009mg/L，正的有 0.012 ～ 0.021mg/L，还有两个站位的差值为 0mg/L。最大的负值 −0.0282mg/L 在湾口的 A5 站位，最大的正值 0.021mg/L 在湾外的 A1 和 H34 站位。

11 月，在 H35、H36 和 H37 站位，PHC 的表层值大于底层值。在 H34 站位，PHC 的表层值小于底层值。将表层、底层含量在每个站位进行相减，其差值为负的有 −0.059mg/L，正的有 0.006 ～ 0.021mg/L。最大的负值 −0.059mg/L 在 H34 站位，最小的正值 0.006mg/L 在 H35 站位，最大的正值 0.021mg/L 在 H36 站位。

因此，4 月，PHC 的表层值大于底层值的水域比较小，而 PHC 的表层值小于底层值的水域比较大。到了 8 月，PHC 的表层值大于底层值的水域就变得比较大，而 PHC 的表层值小于底值层的水域就变得比较小。到了 11 月，依然如 8 月，PHC 的表层值大于底层值的水域比较大，而 PHC 的表层值小于底层值的水域比较小。4 月、8 月和 11 月，PHC 的表层、底层含量差值比较小，故 PHC 的表层、底层含量都相近。

15.2.6　1981 年表底层垂直变化

4 月、8 月和 11 月，有 PHC 的表层、底层含量调查。在 4 月和 8 月的站位有 A1、A2、A3、A5、A6、A7、A8、B5 和 D5，在 11 月的站位有 H34、H35、H36、

H37。这些站位，PHC 的表层、底层含量相减，其差为–0.059～0.114mg/L。这表明 PHC 的表层、底层含量有相近，也有相差。

4 月，在表层、底层的含量之差范围为–0.043～0.114mg/L，只有湾内中心水域的一个站位 B5 是正值，湾口水域 A5 站位为零值，其他站位都为负值。1 个站位为正值，1 个站位为零值，7 个站位为负值（表 15-4）。

表 15-4　在胶州湾水域 PHC 的表层、底层含量差

月份　　差值	正值	零值	负值
4 月	1 个站位	1 个站位	7 个站位
8 月	4 个站位	2 个站位	6 个站位
11 月	3 个站位		1 个站位

8 月，在表层、底层的含量之差范围为–0.028～0.021mg/L，在湾口外的东部近岸水域的两个站位 A1、H34 和胶州湾湾口的内侧水域 H36、A8 站位是正值，湾口的内侧水域 A6 和 H37 站位为零值，其他站位都为负值。4 个站位为正值，2 个站位为零值，6 个站位为负值（表 15-4）。

11 月，在表层、底层的含量之差范围为–0.053～0.002mg/L，只有湾口外的东部近岸水域一个站位 H34 是负值，其他站位都为正值。3 个站位为正值，1 个站位为负值（表 15-4）。

因此，PHC 的表层、底层含量都相近，PHC 在表层的含量几乎都小于底层的。

15.3　石油的水域迁移过程

15.3.1　污　染　源

1980～1981 年，发现 PHC 的污染源主要通过河流向胶州湾输入[15]。在时间尺度上，在整个胶州湾水域，PHC 含量的增加是由人类活动产生的，从 PHC 含量的增加到高峰值，然后，通过 PHC 在水域的沉降过程，降低到低谷值。在空间尺度上，向近岸水域输入 PHC 的含量是随着河流的入海口，从大到小变化的，也就是随着与河流的入海口的距离大小而变化[16]。因此，在胶州湾水域，PHC 的含量，通过海泊河、李村河和娄山河均从湾的东北部入海，输入到胶州湾的近岸水域。

15.3.2　水域迁移过程

石油的主要成分是各种烷烃、环烷烃、芳香烃。其密度为 0.8～1.0g/cm^3，沸

点范围为常温到 500℃ 以上，可溶于多种有机溶剂，不溶于水，但可与水形成乳状液。这说明石油在水里的迁移过程中，一直保持其稳定化学性质。

在胶州湾水域，PHC 含量随着河口来源的高低和经过距离的变化进行迁移。

1）1980 年

在胶州湾的湾口水域，6 月，PHC 含量是高值，7 月，PHC 含量是低值。6 月和 7 月，胶州湾湾口水域的水体中，表层 PHC 的水平分布与底层的水平分布趋势是一致的。这表明了当 PHC 含量刚刚开始进入胶州湾的水体中，无论 PHC 含量的高低，表层、底层的 PHC 水平分布趋势都是一致的。而且，这也展示了 PHC 含量的沉降是迅速的。由于 PHC 不断地沉降，经过海底的累积，于是，9 月和 10 月，胶州湾湾口水域的水体中，表层 PHC 的水平分布与底层的水平分布趋势是相反的。

胶州湾表层水体中，PHC 的表层、底层变化量基本一样。PHC 的表层含量高的，对应其底层含量就高；同样，PHC 的表层含量比较低时，对应的底层含量就低。这展示了 PHC 含量的沉降是迅速的，而且沉降是大量的，沉降量与含量的高低相一致。表层 PHC 的变化范围小于底层的变化范围，这展示了 PHC 经过了不断地沉降，在海底的累积作用。

PHC 的表层、底层垂直变化展示了 PHC 的表层、底层含量都相近，而且 PHC 在表层的含量几乎都小于底层的含量。说明经过了不断地沉降后，PHC 在海底的累积作用是很重要的，导致了 PHC 含量在底层是非常高的。

2）1981 年

在表层水体中，PHC 含量在 4 月、8 月比较高时，表层、底层的水平分布趋势是一致的。这表明了当 PHC 含量刚刚开始进入胶州湾的水体中，这时 PHC 含量比较高，表层、底层的 PHC 水平分布趋势都是一致的。说明了 PHC 含量的沉降是迅速的，而且沉降量是很大的。PHC 含量在 11 月比较低时，由于 PHC 不断地沉降，经过海底的累积，于是，11 月，胶州湾湾口水域的水体中，表层 PHC 的水平分布与底层的水平分布趋势是相反的。

4 月，PHC 的表层值大于底层值的水域比较小，而 PHC 的表层值小于底层值的水域比较大。到了 8 月，PHC 的表层值大于底层值的水域就变得比较大，而 PHC 的表层值小于底层值的水域就变得比较小。到了 11 月，又与 4 月情况一样，PHC 的表层值大于底层值的水域比较小，而 PHC 的表层值小于底层值的水域比较大。4 月、8 月和 11 月，PHC 的表层、底层含量差值比较小，故 PHC 的表层、底层含量都相近。这充分揭示了河流输入胶州湾的 PHC 水域的迁移变化过程。4

月，当河流刚刚输入 PHC 时，小部分水域的 PHC 的表层值比较高，因此，只有小部分水域的 PHC 的表层值大于底层值，大部分水域的 PHC 的表层值小于底层值。8 月，当河流大量输入 PHC 时，大部分水域的 PHC 的表层值比较高，因此，大部分水域的 PHC 的表层值大于底层值，只有小部分水域的 PHC 的表层值小于底层值。11 月，当河流输入 PHC 在大量减少时，依然如 8 月，大部分水域的 PHC 的表层值大于底层值，只有小部分水域的 PHC 的表层值小于底层值。

15.3.3　水域迁移模型框图

1980～1981 年，在胶州湾水体中 PHC 含量的垂直分布，是由水域迁移过程所决定的，PHC 的水域迁移过程出现三个阶段：从污染源把 PHC 输出到胶州湾水域、把 PHC 输入到胶州湾水域的表层、PHC 从表层沉降到底层。这可用模型框图来表示（图 15-2）。PHC 的水域迁移过程通过模型框图来确定，就能分析知道 PHC 经过的路径和留下的轨迹。对此，三个模型框图展示了：PHC 含量的变化来决定在水域迁移的过程。在胶州湾水体中 PHC 含量的垂直分布，当表层 PHC 含量比较高时，PHC 的表层含量大于底层含量。当表层 PHC 含量比较低时，PHC 的底层含量大于表层含量。而在胶州湾东部的近岸水域，无论表层 PHC 含量高或者低时，PHC 的底层含量大于表层含量。表明 PHC 一进入胶州湾近岸水域，就开始沉降。

图 15-2　PHC 的水域迁移过程模型框图

15.3.4　水域迁移特征

1980～1981 年，表层 PHC 的水平分布与底层的水平分布趋势揭示了 PHC 含量具有迅速的沉降，并且具有海底的累积。PHC 的表层、底层含量变化揭示了 PHC 的表层、底层含量具有一致性以及 PHC 含量具有高沉降，其沉降量的多少与含量的高低相一致。表层、底层 PHC 的变化范围展示了 PHC 经过了不断地沉降，在海底具有累积作用。PHC 的表层、底层垂直变化展示了 PHC 的表层、底层含量都相近，而且 PHC 在表层的含量几乎都小于底层的含量。说明经过不断沉降后，PHC 在海底的累积作用是很重要的，导致了 PHC 含量在底层是非常高的。这些就是 PHC 含量水域迁移过程的特征。

15.4 结 论

1980～1981 年，在胶州湾水体中 PHC 含量的垂直分布变化，是由水域迁移过程所决定的。PHC 的水域迁移过程出现三个阶段：从污染源把 PHC 输出到胶州湾水域、把 PHC 输入到胶州湾水域的表层、PHC 从表层沉降到底层。

因此，1980～1981 年，表层 PHC 的水平分布与底层的水平分布趋势，PHC 的表层、底层变化量以及 PHC 的表层、底层垂直变化都充分展示了：PHC 含量具有迅速的沉降，而且沉降量的多少与含量的高低相一致。PHC 经过不断沉降，在海底具有累积作用。这些特征揭示了 PHC 的水域迁移过程。

参 考 文 献

[1] Yang D F, Zhang Y C, Zou J, et al. Contents and distribution of petroleum hydrocarbons (PHC)in Jiaozhou Bay waters. Open Journal of Marine Science, 2011, 2(3): 108-112.

[2] 杨东方, 孙培艳, 陈晨, 等. 胶州湾水域石油烃的分布及污染源. 海岸工程, 2013, 32(1): 60- 72.

[3] Yang D F, Sun P Y, Ju L, et al. Distribution and changing of petroleum hydrocarbon in Jiaozhou Bay waters. Applied Mechanics and Materials , 2014, 644-650: 5312-5315.

[4] Yang D F, Wu Y F, He H Z, et al. Vertical distribution of petroleum hydrocarbon in Jiaozhou Bay. Proceedings of the 2015 international symposium on computers and informatics. 2015: 2647-2654.

[5] Yang D F, Wang F Y, Zhu S X, et al. Distribution and homogeneity of petroleum hydrocarbon in Jiaozhou Bay. Proceedings of the 2015 international symposium on computers and informatics. 2015: 2661-2666.

[6] Yang D F, Sun P Y, Ju L, et al. Input features of petroleum hydrocarbon in Jiaozhou Bay. Proceedings of the 2015 international symposium on computers and informatics. 2015: 2647-2654.

[7] Yang D F, Chen Y, Gao Z H, et al. Silicon limitation on primary production and its destiny in Jiaozhou Bay, China IV transect offshore the coast with estuaries. Chin J Oceanol Limnol, 2005, 23(1): 72-90.

[8] 杨东方, 王凡, 高振会, 等.胶州湾浮游藻类生态现象. 海洋科学, 2004, 28(6): 71-74.

[9] 国家海洋局. 海洋监测规范. 北京: 海洋出版社, 1991.

第16章 胶州湾水域石油的迁移规律

随着世界各个国家的发展，尤其是发达国家，都经过了工农业的迅猛发展，城市化的不断扩展。在这个过程中，造成了工业废水和生活污水中含有大量的PHC。由于 PHC 及其化合物属于剧毒物质，给人类带来了许多疾病，引起人类和动物的疾病折磨，导致了大量死亡。然而，PHC 在我们日常生活中是不可缺失的重要化合物，由于长期的大量使用，又 PHC 化学性质稳定，不易分解，长期残留于环境中，这对环境和人类健康产生持久性的毒害作用[1~6]。因此，研究水体中PHC 的迁移规律，对 PHC 在水体中的迁移过程研究有着非常重要的意义。

本文根据 1979～1983 年的胶州湾水域调查资料，在空间上，研究 PHC 每年在胶州湾水域的存在状况[1~6]；在时间上，研究在 5 年期间 PHC 在胶州湾水域的变化过程[1~6]。因此，通过 PHC 对胶州湾海域水质影响的研究，展示了 PHC 在胶州湾海域的迁移规律，为治理 PHC 污染的环境提供理论依据。

16.1 背　　景

16.1.1　胶州湾自然环境

胶州湾位于山东半岛南部，其地理位置为东经 120°04′～120°23′，北纬 35°58′～36°18′，以团岛与薛家岛连线为界，与黄海相通，面积约为 446km²，平均水深约7m，是一个典型的半封闭型海湾（图 16-1）。胶州湾入海的河流有十几条，其中径流量和含沙量较大的为大沽河和洋河，青岛市区的海泊河、李村河和娄山河等河流，这些河流均属季节性河流，河水水文特征有明显的季节性变化[7, 8]。

16.1.2　数据来源与方法

本研究所使用的调查数据由国家海洋局北海监测中心提供。胶州湾水体 PHC的调查[1~6]是按照国家标准方法进行的，该方法被收录在国家的《海洋监测规范》中（1991 年）[9]。

1979 年 5 月和 8 月；1980 年 6 月、7 月、9 月和 10 月；1981 年 4 月、8 月和11 月；1982 年 4 月、6 月、7 月和 10 月；1983 年 5 月、9 月和 10 月，进行胶州

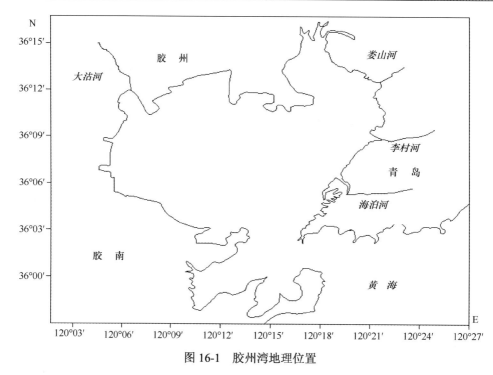

图 16-1　胶州湾地理位置

湾水体 PHC 的调查[1~6]。以每年 4 月、5 月、6 月代表春季；7 月、8 月、9 月代表夏季；10 月、11 月、12 月代表秋季。

16.2　石油的研究结果

16.2.1　1979 年研究结果

　　根据 1979 年 5 月和 8 月的胶州湾水域调查资料，通过石油（PHC）在胶州湾水域的分布、来源和季节变化的分析，研究结果表明：在这一年中，PHC 含量在整个胶州湾水域，都达到了国家三类海水水质标准，胶州湾水域在夏季，PHC 的污染较重，而春季污染较轻。胶州湾东北部水域 PHC 的含量在春季超过了三类海水水质标准，在夏季超过了四类海水水质标准。在东北部近岸水域，PHC 的含量变化有梯度形成：从大到小呈下降趋势，这说明胶州湾水域中的 PHC 主要来源于工业废水和生活污水的排放。

16.2.2　1980 年研究结果

　　根据 1980 年 6 月、7 月、9 月和 10 月的胶州湾水域调查资料，通过石油（PHC）

在胶州湾水域的含量变化，表层、底层水平分布、垂直分布和季节变化的分析，研究结果表明：在胶州湾水体中，PHC 的含量达到了三类海水水质标准的水域有：6 月和 9 月，在整个湾内的水域；7 月，在海泊河、李村河、娄山河和大沽河的入海口以及它们之间的近岸水域；10 月，在海泊河、李村河和娄山河的入海口水域及其它们之间的近岸水域。除了上述水域外，在湾内的其他水域，PHC 的含量达到了二类海水水质标准。在空间和时间尺度上表明，胶州湾东部和东北部的海泊河、李村河和娄山河，还有北部的大沽河，都是胶州湾 PHC 污染的主要来源。通过 PHC 的陆地迁移过程，展示了从湾的东部、东北部和北部近岸水域到湾的其他水域包括湾中心、湾口和湾外，PHC 的含量呈现从大到小的下降趋势。通过 PHC 的水域迁移过程，展示了 PHC 表层含量迅速下降的过程及结果。通过表层 PHC 的水平分布和含量变化，进一步说明了河流对 PHC 的大量输送和表层 PHC 含量的迅速下降。于是，在胶州湾水体中，PHC 表层、底层含量没有明显的季节变化，PHC 含量完全依赖于河流对 PHC 的大量输送。作者将河流输送的强度分为 4 个阶段，展示了河流输送 PHC 含量的强度变化过程。

根据 1980 年的胶州湾水域调查资料，研究 PHC 在胶州湾的湾口底层水域的含量现状和水平分布。结果表明：6 月、7 月、9 月和 10 月，在胶州湾的湾口底层水域，PHC 含量的变化范围为 0.028～0.147mg/L，符合国家二类、三类海水水质标准。这揭示了 PHC 在垂直水体的效应作用下，水质受到 PHC 的轻度污染。在胶州湾的湾口底层水域，6 月，从湾口到湾口外侧，PHC 含量从湾口水域到湾外水域沿梯度递减。同样，9 月和 10 月，从湾口内侧到湾口外侧，PHC 含量从湾口水域到湾外水域沿梯度递减。而 7 月，从湾口外侧到湾口内侧，PHC 含量从湾外水域到湾内水域沿梯度递减。因此，作者提出湾口表层、底层水域的物质浓度变化法则：经过了垂直水体的效应作用，无论从湾内到湾外还是从湾外到湾内，物质浓度在不断地降低。

16.2.3　1981 年研究结果

根据 1981 年 4 月、8 月和 11 月的胶州湾水域调查资料，通过石油（PHC）在胶州湾水域的含量变化，表层、底层水平分布的分析，研究结果表明：在胶州湾水体中，PHC 的含量在一年中都达到了二类、三类、四类和超四类海水水质标准。通过 PHC 的水平分布，展示了在整个胶州湾的近岸水域，PHC 的含量比较高，而在湾口、湾中心和湾外的水域 PHC 的含量比较低。而且，胶州湾东部和东北部的海泊河、李村河和娄山河，还有北部的大沽河，都是胶州湾 PHC 污染的主要来源。因此，需要控制河流对 PHC 含量的输送。

根据 1981 年 4 月、8 月和 11 月的胶州湾水域调查资料，通过石油（PHC）在胶州湾水域的含量变化，表层、底层水平分布的分析，研究结果表明：在胶州湾水体中，通过 PHC 的陆地迁移过程，展示了从湾的东部、东北部和北部近岸水域到湾的其他水域包括湾中心、湾口和湾外，PHC 的含量从大到小的下降趋势。作者将河流输送的强度分为三个阶段，展示了河流输送 PHC 含量的强度变化过程。因此，需要控制河流对 PHC 含量的输送。

根据 1981 年 4 月、8 月和 11 月的胶州湾水域调查资料，通过石油（PHC）在胶州湾水域的垂直分布和季节变化的分析，研究结果表明：在胶州湾水体中，在表层水体中，PHC 含量在 4 月、8 月比较高时，表层、底层的水平分布趋势是一致的。PHC 含量在 11 月比较低时，由于 PHC 不断地沉降，经过海底的累积，于是，表层、底层的水平分布趋势是不一致的。4 月、8 月和 11 月，PHC 的表层、底层含量都相近。而且从 4 月 PHC 含量在增加，到 8 月 PHC 含量达到最高值，然后 PHC 含量开始下降，到 11 月达到最低值，而且 PHC 含量大于 1mg/L 的水域，从 4 月和 8 月都非常大，几乎扩展到整个胶州湾的水域，然后到 11 月此水域开始减少，变得非常小。通过 PHC 的水域迁移过程，展示了河流对 PHC 的大量输送和表层 PHC 含量的迅速下降。

根据 1981 年的胶州湾水域调查资料，研究 PHC 在胶州湾的湾口底层水域的含量现状和水平分布。结果表明：4 月、8 月和 11 月，在胶州湾的湾口底层水域，PHC 含量的变化范围为 0.028～0.123mg/L，符合国家二类、三类海水水质标准。这揭示了 PHC 在垂直水体的效应作用下，水质受到 PHC 的轻度污染。4 月和 8 月，从湾口内侧到湾口外侧，PHC 含量从湾内水域到湾外水域沿梯度递减。而 11 月，从湾口外侧到湾口内侧，PHC 含量从湾外水域到湾内水域沿梯度递减。因此，作者提出湾口底层水域的物质含量迁移规则：经过了垂直水体的效应作用，物质含量既可来自湾内，也可来自湾外。而且，无论从湾内到湾外还是从湾外到湾内，PHC 含量都要经过湾口扩散。

16.2.4　1982 年研究结果

根据 1982 年 4 月、6 月、7 月和 10 月的胶州湾水域调查资料，通过石油烃（PHC）在胶州湾水域的含量现状、分布特征和季节变化的分析，研究结果表明：在胶州湾水体中，PHC 的含量在一年中都符合国家二类、三类海水水质标准。胶州湾西南沿岸水域、胶州湾东部和北部沿岸水域都受到了 PHC 的轻度污染。在胶州湾西南沿岸水域，随着时间变化：4 月、7 月和 10 月，PHC 含量在不断地减少。在胶州湾水域有两个来源：一个是近岸水域，来自地表径流的输入，其输入的 PHC 的含量为 0.03～0.07mg/L；另一个是河流的入海口水域，来自陆地河流的输入，其输入的 PHC 的含量为 0.05～0.10mg/L。在胶州湾西南沿岸水域，PHC 含量在水体中的分布是均匀的，这展示了物质在海洋中的均匀分布特征。

16.2.5　1983 年研究结果

根据 1983 年 5 月、9 月和 10 月的胶州湾水域调查资料，通过石油烃（PHC）在胶州湾水域的含量现状、分布特征和季节变化的分析，研究结果表明：在胶州湾水体中，PHC 的含量在一年中都符合国家二类、三类海水水质标准，在胶州湾水域都受到了 PHC 的轻度污染。在胶州湾水域 PHC 的含量有两个来源。一个是近岸水域，来自地表径流的输入为 0.04～0.12mg/L；另一个是河流的入海口水域，来自陆地河流的输入为 0.03～0.08mg/L。这表明 PHC 的污染源不仅是点污染源，而且也是面污染源。在胶州湾的沿岸陆地上和河流中都已经受到了 PHC 的轻度污染，并且给胶州湾带来了轻度污染。在胶州湾水域，PHC 含量在水体中分布是均匀的，这展示了物质在海洋中的均匀分布特征，同时，PHC 含量在湾口有一个低值区域，这揭示了在胶州湾的湾口水域，水流的低值性。

16.3　石油的产生消亡过程

16.3.1　含量的年份变化

根据 1979～1983 年的胶州湾水域调查资料，研究 PHC 在胶州湾水域的含量大小、年份变化和季节变化。结果表明：1979～1983 年，在早期的春季、夏季胶州湾受到 PHC 含量的重度污染，而到了晚期，春季、夏季胶州湾受到 PHC 含量的轻度污染；在秋季，一直保持着胶州湾受到 PHC 含量的轻度污染。这说明了人类向环境排放 PHC 含量在春季和夏季非常大，而在秋季排放 PHC 含量比较少。在胶州湾水体中 PHC 的含量逐年在振荡中减少，而且含量减少的幅度在春季、夏季比较大，而在秋季含量减少的幅度很小，几乎没有变化。这展示了 1979～1983 年，虽然工农业迅速的发展，石油也大量的需要，但是人类还是逐年在减少 PHC 含量的排放，而且在秋季的 PHC 含量排放依然很少。因此，1979～1983 年，胶州湾受到 PHC 含量的污染在减少，水质在变好。向胶州湾排放的 PHC 含量在减少，使得胶州湾水域的 PHC 含量逐渐地接近背景值。

16.3.2 污染源变化过程

根据 1979～1983 年的胶州湾水域调查资料，分析 PHC 在胶州湾水域的水平分布和污染源变化。确定了在胶州湾水域 PHC 污染源的位置、范围、类型和变化特征及变化过程。研究结果表明：1979～1983 年，在胶州湾水体中，PHC 来源于河流，即 PHC 的高含量污染源来自于海泊河、李村河和娄山河，其 PHC 含量范围为 0.10～1.10mg/L。这表明河流是输送 PHC 高含量的运载工具，同时，河流也先受到 PHC 含量的污染。PHC 污染源的变化过程出现两个阶段：1979～1981 年，PHC 的污染源为重度污染源；1982～1983 年，PHC 的污染源为轻度污染源，这可用两个模型框图来表示，这展示了 PHC 污染源的变化过程。在这个变化过程中，PHC 污染源的含量、水平分布和污染源程度都发生了变化。然而，唯一不变的是 PHC 的输入方式：河流。这表明无论 PHC 的高含量还是低含量，其输送的 PHC 含量的工具依然是河流。那么，作者认为，我们要牢牢抓住河流 PHC 的含量变化，既可以知道人类向环境排放的 PHC 含量的多少，又可以知道河流带来的 PHC 含量对于下游的污染程度和范围。因此，一定要密切监测各种各样河流水体中的 PHC 含量，对于人类排放 PHC 的含量提出警告，对于下游的污染程度和范围进行预测。

16.3.3 陆地迁移过程

根据 1979～1983 年的胶州湾水域调查资料，分析在胶州湾水域 PHC 的季节变化和月降水量变化。研究结果表明：在时空分布上，整个胶州湾水域，PHC 含量的季节变化是由以河流的流量为基础并且以人类活动为叠加来决定。这样，就展示了河流的流量和人类活动来共同决定河流的 PHC 含量，就出现了在不同季节的 PHC 含量的高峰值和低谷值。通过胶州湾沿岸水域的 PHC 含量变化，展示了 PHC 的陆地迁移过程：PHC 含量变化由胶州湾附近盆地的雨量大小所决定。因此，在胶州湾水体中 PHC 含量的季节变化，是由陆地迁移过程所决定。PHC 的陆地迁移过程范围分为三个阶段：人类对 PHC 的使用、PHC 沉积于土壤和地表中、河流和地表径流把 PHC 输入到海洋的近岸水域。这可用模型框图来表示，展示了：PHC 从使用到土地由人类来决定，然而，从土地到海洋由雨量来决定。

16.3.4 沉 降 过 程

根据 1980～1981 年的胶州湾水域调查资料，分析在胶州湾水域 PHC 的底层分布变化。研究结果表明：在胶州湾的底层水体中，底层分布具有以下特征：1980～1981 年，在胶州湾的底层水体中，4～11 月（缺少 5 月），在胶州湾水体中的底层 PHC 含量变化范围为 0.028～0.147mg/L，符合国家一类、二类和三类海水水质标准，水质受到 PHC 的轻度污染。PHC 含量经过了垂直水体的效应作用，呈现了在胶州湾的湾口底层水域 PHC 含量的低值变化范围比较稳定，变化比较小。PHC 含量几乎没有季节变化，无论 PHC 含量高值还是 PHC 含量低值都没有季节变化。这表明人类的污染带来的 PHC 含量大于河流输送的季节变化的 PHC 含量。故人类在 PHC 含量方面污染还是严重的。从湾口内侧到湾口外侧，无论沿梯度递减或者递增，PHC 含量都形成了一系列不同梯度的平行线。4 月和 8 月，从湾口内侧到湾口外侧，沿梯度 PHC 含量由湾内向湾外递减，而 11 月，从湾口外侧到湾口内侧，沿梯度 PHC 含量由湾外向湾内递减。这展示了 PHC 的沉降过程。通过 PHC 含量的沉降过程，展示了 PHC 在时空变化中的迁移路径。

16.3.5　水域迁移过程

根据 1980～1981 年的胶州湾水域调查资料，分析在胶州湾水域 PHC 的垂直分布。作者提出了 PHC 的水域迁移过程，PHC 的水域迁移过程出现三个阶段：从污染源把 PHC 输出到胶州湾水域、把 PHC 输入到胶州湾水域的表层、PHC 从表层沉降到底层。1980～1981 年，PHC 的表层、底层水平分布趋势和 PHC 的表层、底层变化量以及 PHC 的表层、底层垂直变化都充分展示了：PHC 含量具有迅速的沉降，而且沉降量的多少与含量的高低相一致。PHC 经过了不断地沉降，在海底具有累积作用。这些特征揭示了 PHC 的水域迁移过程。

16.4　石油的迁移规律

16.4.1　石油的空间迁移

根据 1979～1983 年对胶州湾海域水体中 PHC 的调查分析[1~6]，展示了每年的研究结果具有以下规律。

（1）通过人类对 PHC 的使用，胶州湾水域中的 PHC，主要来源于河流的输送。

（2）PHC 在胶州湾水域的含量大小变化，通过相应的时间段河流输送多少 PHC 含量来决定。

（3）河流的流量和人类活动来共同决定河流的 PHC 含量。

（4）PHC 含量变化由胶州湾附近盆地的雨量大小和人类排放的多少所决定。

（5）从污染源把 PHC 输出到胶州湾水域、把 PHC 输入到胶州湾水域的表层、PHC 从表层沉降到底层。

（6）PHC 的表层、底层含量都接近，水体的垂直断面也分布均匀。

（7）表层、底层的 PHC 含量水平分布趋势随着月份的变化从一致的转变为相反的。

（8）胶州湾水体中的 PHC 来自于点污染源。

（9）在来源的迁移过程中，有陆地来源迁移和海洋水流来源迁移。

（10）人类的污染带来的 PHC 含量大于河流输送的季节变化的 PHC 含量。

（11）在 PHC 有污染源的情况下，在河口近岸浓度水域高，远离岸线，浓度逐渐降低。

（12）PHC 含量几乎没有季节变化，无论 PHC 含量高值还是 PHC 含量低值都没有季节变化。

（13）PHC 含量具有迅速的沉降，而且沉降量的多少与含量的高低相一致。

（14）PHC 经过不断沉降，在海底具有累积作用。

（15）PHC 的含量呈现了污染、净化、又污染、又净化的反复循环的过程。

因此，随着空间的变化，以上研究结果揭示了水体中 PHC 的迁移规律。

16.4.2　石油的时间迁移

根据 1979～1983 年对胶州湾海域水体中 PHC 的调查分析[1~6]，展示了 5 年期间的研究结果：1979～1983 年，在胶州湾水体中 PHC 的含量表明在胶州湾水体中 PHC 含量在一年期间变化非常大。人类逐年在减少 PHC 含量的排放，而且在秋季的 PHC 含量排放依然很少，展示了 PHC 含量的年份变化。通过胶州湾沿岸水域的 PHC 含量变化，展示了 PHC 污染源的变化过程。通过人类对 PHC 的大量使用，展示了 PHC 的陆地迁移过程：河流的流量和人类排放来共同决定河流的 PHC 含量。通过 PHC 含量的沉降过程，展示了 PHC 在时空变化中的迁移路径。通过不同的时空区域 PHC 的垂直分布，提出了 PHC 的水域迁移过程，阐明了 PHC 垂直分布的规律及原因。

因此，随着时间的变化，以上研究结果揭示了水体中 PHC 的迁移过程。

16.5　结　　论

根据 1979～1983 年的胶州湾水域调查资料，在空间尺度上，通过每年 PHC

的数据分析，从含量大小、水平分布、垂直分布和季节分布的角度，研究 PHC 在胶州湾海域的来源、水质、分布以及迁移状况，得到了许多的迁移规律的结果。根据 1979～1983 年的胶州湾水域调查资料，在时间尺度上，通过 1979～1983 年的 5 年 PHC 数据探讨，研究 PHC 在胶州湾水域的变化过程，得到了以下研究结果：①含量的年份变化；②污染源变化过程；③陆地迁移过程；④沉降过程；⑤水域迁移过程。这些规律和变化过程为研究 PHC 在水体中的迁移提供结实的理论依据。也为其他重金属在水体中的迁移研究给予启迪。

　　在工业、农业、城市生活的迅速发展中。人类大量使用了 PHC。于是，PHC 污染了环境和生物。一方面，PHC 污染了生物，在一切生物体内累积，而且，通过食物链的传递，进行富集放大，最后连人类自身都受到 PHC 毒性的危害。另一方面，PHC 污染了环境，经过河流和地表径流输送，污染了陆地、江、河、湖泊和海洋，最后污染了人类生活的环境，危害了人类的健康。因此，人类不能为了自己的利益，不要既危害了地球上其他生命，反过来又危害到自身的生命。人类要减少对赖以生存的地球排放和污染，要顺应大自然规律，才能够健康可持续的生活。

参 考 文 献

[1] Yang D F, Zhang Y C, Zou J, et al. Contents and distribution of petroleum hydrocarbons (PHC)in Jiaozhou Bay waters . Open Journal of Marine Science, 2011, 2(3): 108-112.

[2] 杨东方, 孙培艳, 陈晨, 等. 胶州湾水域石油烃的分布及污染源. 海岸工程, 2013, 32(1): 60-72.

[3] Yang D F, Sun P Y, Ju L, et al. Distribution and changing of petroleum hydrocarbon in Jiaozhou Bay waters . Applied Mechanics and Materials, 2014, 644-650: 5312-5315.

[4] Yang D F, Wu Y F, He H Z, et al. Vertical distribution of petroleum hydrocarbon in Jiaozhou Bay. Proceedings of the 2015 international symposium on computers and informatics. 2015: 2647-2654.

[5] Yang D F, Wang F Y, Zhu S X, et al. Distribution and homogeneity of petroleum hydrocarbon in Jiaozhou Bay. Proceedings of the 2015 international symposium on computers and informatics. 2015: 2661-2666.

[6] Yang D F, Sun P Y, Ju L, et al. Input features of petroleum hydrocarbon in Jiaozhou Bay. Proceedings of the 2015 international symposium on computers and informatics. 2015: 2647-2654.

[7] Yang D F, Chen Y, Gao Z H, et al. Silicon limitation on primary production and its destiny in Jiaozhou Bay, China Ⅳ transect offshore the coast with estuaries . Chin J Oceanol Limnol, 2005, 23(1): 72-90.

[8] 杨东方, 王凡, 高振会, 等. 胶州湾浮游藻类生态现象. 海洋科学, 2004, 28(6): 71-74.

[9] 国家海洋局. 海洋监测规范. 北京: 海洋出版社, 1991.

致　谢

细大尽力，莫敢怠荒，远迩辟隐，专务肃庄，端直敦忠，事业有常。

——《史记·始皇本纪》

　　此书得以完成，应该感谢北海监测中心主任崔文林研究员以及北海监测中心的全体同仁；感谢上海海洋大学的院长李家乐教授；感谢贵州民族大学的书记王凤友教授和校长张学立教授。是诸位给予的大力支持，并提供良好的研究环境，成为我科研事业发展的动力引擎。

　　在此书付梓之际，我诚挚感谢给予许多热心指点和有益传授的吴永森教授，使我开阔了视野和思路，在此表示深深的谢意和祝福。许多同学和同事在我的研究工作中给予了许多很好的建议和有益帮助。在此表示衷心的感谢和祝福。

　　《海岸工程》编辑部：吴永森教授、杜素兰教授、孙亚涛老师；《海洋科学》编辑部：张培新教授、梁德海教授、刘珊珊教授、谭雪静老师；*Meterological and Environmental Research* 编辑部：宋平老师、杨莹莹老师、李洪老师。在我的研究工作和论文撰写过程中都给予许多的指导，并作了精心的修改，此书才得以问世，在此表示衷心的感谢和深深的祝福。

　　今天，我们所完成的研究工作，也是以上提及的诸位共同努力的结果，我们心中感激大家、敬重大家，愿善良、博爱、自由和平等恩泽给每个人。愿国家富强、民族昌盛、国民幸福、社会繁荣。谨借此书面世之机，向所有培养、关心、理解、帮助和支持我的人们表示深深的谢意和衷心的祝福。

　　沧海桑田，日月穿梭。抬眼望，千里尽收，祖国在心间。

杨东方

2015 年 12 月 7 日